たのしくできる
かんたんブレッドボード電子工作

加藤 芳夫 [著]

東京電機大学出版局

はじめに

　書店の電子工作のコーナーに立ち寄ると，所狭しと製作本が並んでいて，「いつかはあんなものを作ってみたい」とお考えになった方もいるかと思います。電子工作には初心者からベテランまでいろいろな幅のジャンルがあり，自分の技術にあったものを選択することができます。また，電子工作には創造性があり，とても奥が深く，そして完成したときの喜びは何ともいえない満足感があります。

　これまでの電子工作では，ハンダ付けが必須で，ハンダ付けの技術ででき上がったものの性能が左右されることが多々あり，ハンダ付けがむずかしいから電子工作をあきらめていたという方もいらっしゃるかと思います。しかし近年，ハンダ付け不要の電子工作が注目を浴びています。それは，ブレッドボードを使用した電子工作です。

　ブレッドボードは，電子工作に必要な部品をポイントと呼ばれる小さな穴に部品のリード線を挿し込み，実体配線図にしたがってジャンプワイヤーで接続していけば設計どおりのものが完成するもので，むずかしい回路図から部品の配置や配線を考える必要がなくなりました。このようなことから，電子工作の特別な技術がなくても部品さえ揃えば完成の喜びが味わえるといった入門しやすい分野です。

　本書では，部品数が 10 個程度のものなど，初心者でも電子工作が楽しめる簡単なものも紹介しています。実体配線図にしたがって部品を挿し込み，さらにジャンプワイヤーを挿し込みながら配線すれば完成するものです。最初からむずかしいものに挑戦し，結果的に頓挫してしまうと後が続きませんので，最初は簡単なものから始め，その完成の喜びを味わい，次のステップへ進むのがよいのではないでしょうか。最初は誰もが初心者で，いろいろなことを経験することにより自分で部品の定数を変更したり，回路を設計したり，ものを作ったりと発展することができます。ブレッドボードでの部品の定数の変更は，元の部品を抜いて目的のものに挿し替えるだけで変更ができるので，ハンダ付けに比べて格段に容易にでき，いろいろと実験をするのに適したツールといえます。

　さらにブレッドボードは拡張性に優れていて，機能を追加するためにはブレッドボードの枚数を追加することにより，いくらでも拡張することができます。ただし，電子工作にはリスクも付きもので，配線を間違

えたり電源の接続を間違えたりすることで，一瞬にして部品が壊れてしまうという，経済的な損失もあります。しかし，部品の挿し込みを慎重に確認することにより，これらのリスクを軽減させたり，取り除いたりすることができます。リスクを恐れず挑戦していくことがさらなる進展につながっていきます。

　抵抗やコンデンサー，そしてトランジスターなどリード線が本体に付いている部品は，そのまま使用できますが，スピーカーやコネクターなどの部品は，そのままではブレッドボードに挿し込むことはできませんが，工夫しだいで接続することができます。ブレッドボードに対応する変換部品もいろいろ出てきましたので，これらをうまく活用することで，ほとんどの電子部品をブレッドボードで使用することができます。本書では，まったくハンダ付けをしないことを目標にしており，部品にリード線を捻じって付けて，そこを熱収縮チューブで固定する方法などを採用しています。

　2015年は団塊の世代の方たちの多くが退職する年で，これまで仕事一筋に頑張ってきて，退職後に何をしようかと考えている方もいらっしゃると思います。ブレッドボード電子工作に挑戦し，作る喜びを味わってみてはいかがしょうか。

　最後に，企画を立て編集にお骨折りいただいた（株）QCQ企画の宮本洋次さんと東京電機大学出版局の石沢岳彦さんに，お礼申し上げます。

2015年7月

筆者しるす

目 次

《基礎編》

1. ブレッドボードとは …………………………………………… 2

2. ブレッドボードの構造と使い方 ……………………………… 4

3. ブレッドボード工作のために準備する工具 ………… 7

4. 離れた部品と部品を接続するジャンプワイヤー …… 8

5. ブレッドボード工作に使用する部品 ……………… 11
   5.1   抵抗 …………………………………………………… 11
   5.2   コンデンサー ………………………………………… 14
   5.3   発光ダイオード ……………………………………… 16
   5.4   IC …………………………………………………… 19
   5.5   トランジスター ……………………………………… 22
   5.6   フォトトランジスター（明るさセンサー） ……… 22
   5.7   温度センサー ………………………………………… 23
   5.8   スイッチ ……………………………………………… 23
   5.9   ボリューム …………………………………………… 24
   5.10 圧電スピーカーと電子ブザー …………………… 24
   5.11 スピーカー …………………………………………… 25
   5.12 リレー ………………………………………………… 25
   5.13 PIR センサー ………………………………………… 26
   5.14 電源 …………………………………………………… 26

《製作編》

1. ゆらゆらと点灯する
   電子ローソク ……………………………………… **28**
   (1) 回　路 …………………………………………… 29
   (2) 製　作 …………………………………………… 29

2. ほのかに明るくなったり暗くなったりする
   電子ホタル ………………………………………… **34**
   (1) 回　路 …………………………………………… 35
   (2) 製　作 …………………………………………… 36

3. "チュ・チュ・チュ","ピョ・ピョ・ピョ"と鳴く
   虫や鳥の電子鳴き声発声機 ……………………… **38**
   (1) 回　路 …………………………………………… 39
   (2) 製　作 …………………………………………… 40

4. やさしいメロディーを奏でる
   電子オルゴール …………………………………… **42**
   (1) 回　路 …………………………………………… 43
   (2) 製　作 …………………………………………… 44

5. 設定温度になるとブザーで知らせる
   温度アラーム ……………………………………… **46**
   (1) 回　路 …………………………………………… 47
   (2) 製　作 …………………………………………… 48

6. 洗濯物を雨から守る
   降雨感知機 ………………………………………… **50**
   (1) 回　路 …………………………………………… 51
   (2) 製　作 …………………………………………… 52

7. 人の発する赤外線(熱)を感知
   人間検出機 ………………………………………… **56**
   (1) 回　路 …………………………………………… 57
   (2) 製　作 …………………………………………… 58

8. 少しの揺れで音が出る
   揺れ検知機 ………………………………………… **62**
   (1) 回　路 …………………………………………… 63
   (2) 製　作 …………………………………………… 63

モールス符号を覚えよう
9. FM トランスミッターによるモールス練習機 …… **68**
　　(1) 回　路 ……………………………………………… 69
　　(2) 製　作 ……………………………………………… 70

不思議な音を楽しむ
10. テルミンもどき ………………………………………… **74**
　　(1) 回　路 ……………………………………………… 75
　　(2) 製　作 ……………………………………………… 76

廊下や玄関を明るくする
11. 暗くなると自動的に LED が点灯する常夜灯 …… **80**
　　(1) 回　路 ……………………………………………… 81
　　(2) 製　作 ……………………………………………… 81

メロディーで目覚まし
12. 明るくなると鳴るメロディーオルゴール ………… **84**
　　(1) 回　路 ……………………………………………… 85
　　(2) 製　作 ……………………………………………… 86

いろいろな色のLEDを使った
13. キラキラ光るクリスマスツリー ……………………… **90**
　　(1) 回　路 ……………………………………………… 91
　　(2) 製　作 ……………………………………………… 92

たった1個のICで作った
14. オーディオ用ステレオアンプ ……………………… **97**
　　(1) 回　路 ……………………………………………… 98
　　(2) 製　作 ……………………………………………… 98

こんなに大変
15. プリント基板を使用した製作例 ………………… **103**
　　(1) 製　作 ……………………………………………… 103
　　(2) ブレッドボードとハンダ付けの比較 ……………… 104
　　(3) 便利なプリント基板 ………………………………… 105

コラム
　　電子部品とインチ ………………………………………………… 6
　　自作できるジャンプワイヤー …………………………………… 10
　　タイマー IC「555」 ……………………………………………… 32
　　地震の震度階級 …………………………………………………… 67
　　モールス通信に使用するモールス符号 ………………………… 71
　　備えておきたい電子部品 ………………………………………… 87

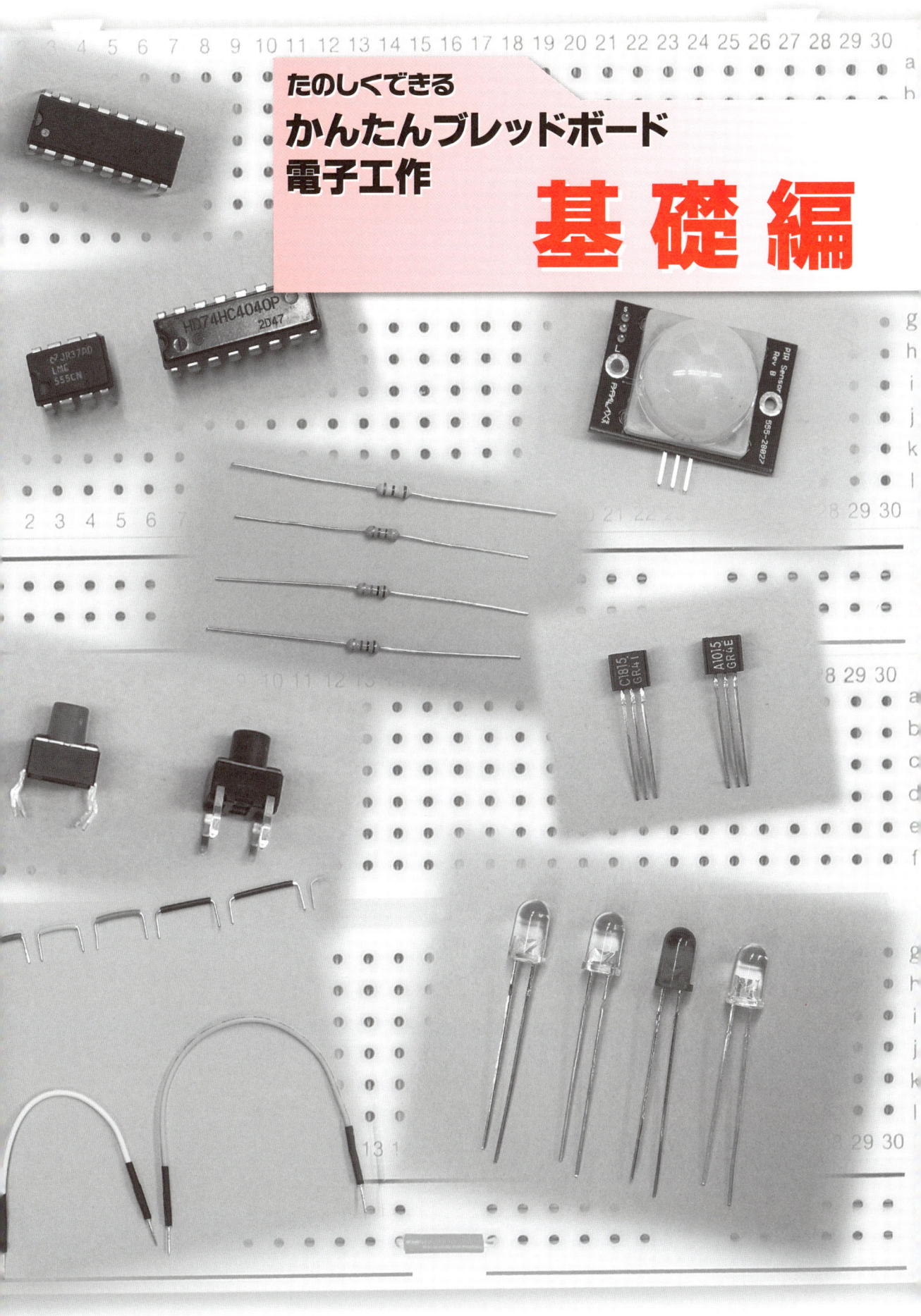

たのしくできる
かんたんブレッドボード
電子工作

基礎編

1. ブレッドボードとは

　ブレッドボードはハンダ付けをしないで電子回路を組み立てることができる，とても便利なツールです。ブレッドボードとは「パンをこねるための板」のことで，この板に部品を取り付け，配線をした歴史があることからこのような名前が付きました。

　ブレッドボードが出現するまでの電子工作は，ハンダ付けができないと成り立たず，またしっかりとしたきれいなハンダ付けにはそれなりの経験と技術を必要とします。「電子工作をしたいが，どうしてもハンダ付けが苦手で…」といった理由であきらめていた方も，ブレッドボードを使うことによりハンダ付けから解放され，誰でも簡単に電子工作を楽しむことができます。

　ブレッドボードを使用して抵抗やコンデンサーの値を変えていろいろ実験をするときは、部品の定数を簡単に変えることができ，素早く目的のものを作ることができます。また，ハンダゴテによる火傷や，ハンダ付け時の煙を吸い込むリスクもありません。

　ブレッドボードには，小さいものから大きいものまで，いろいろな種類の製品がありますが，本書では比較的小型なサンハヤト（株）のSAD-101を使用しています（写真1.1）。

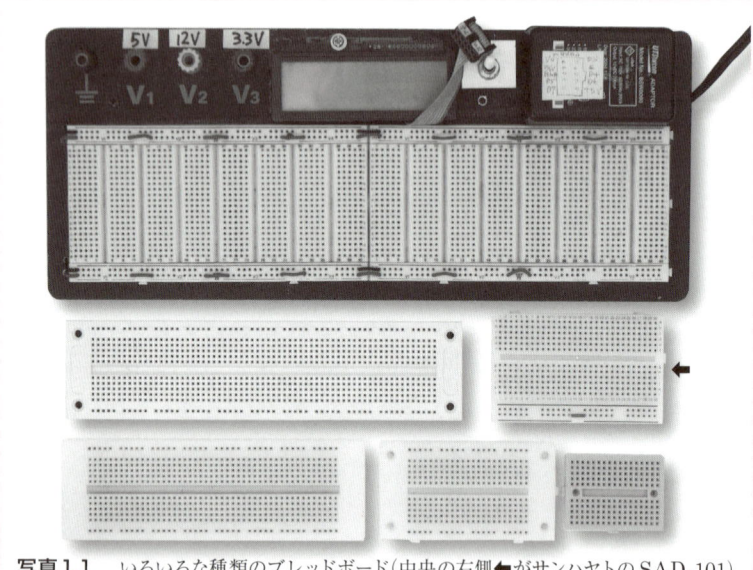

写真1.1　　いろいろな種類のブレッドボード（中央の右側←がサンハヤトのSAD-101）

このブレッドボードの大きさは，84（W：幅）×52（D：奥行）×9mm（H：高さ）で，横列が30ポイント（穴），縦列が12ポイントの合計360ポイントと電源のプラスとマイナスで，それぞれ24ポイント（合計48ポイント）があり，全部で408ポイントあります。ちょっとした回路であれば，このブレッドボード1枚で組み立てることができますが，足りないときは，写真1.2のように複数のブレッドボードを組み合わせて大きくすることもできます。

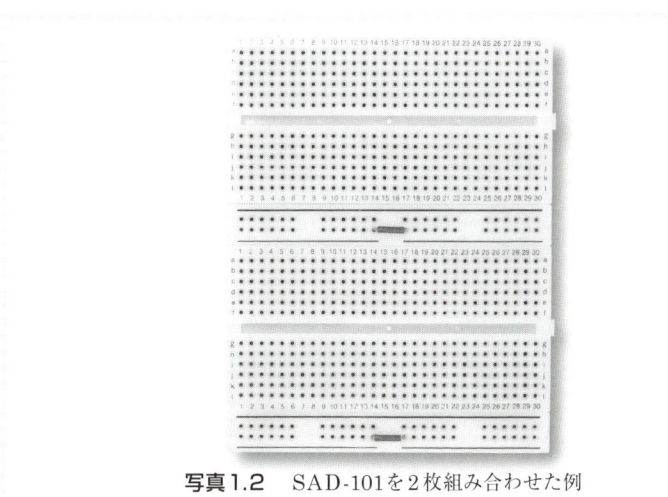

写真1.2　SAD-101を2枚組み合わせた例

　一般的なブレッドボードでは接続された縦列のポイントの数は5個ですが，本書で使用するブレッドボードは，図1.1に示すように縦列のポイントの数は6個ありますので，部品の配置やジャンプワイヤーの接続に自由度が増します。

　また，これは複数のブレッドボードを組み合わせたときのガタツキも少なく，しっかりと連結できる優れものです。

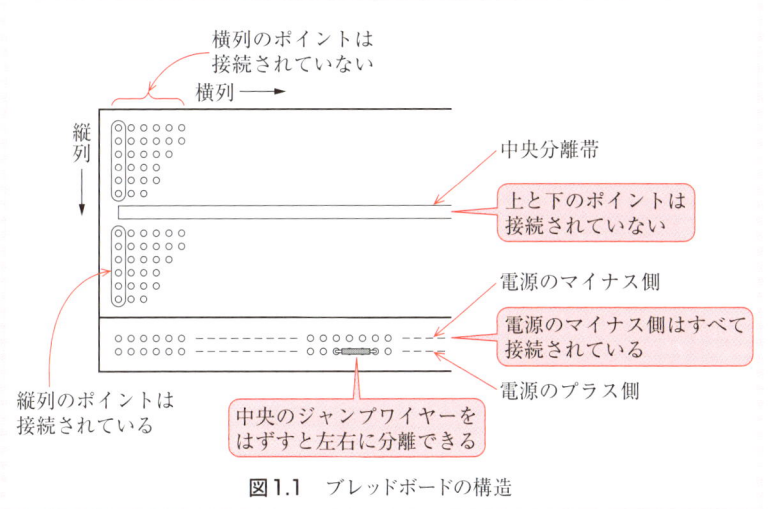

図1.1　ブレッドボードの構造

2. ブレッドボードの構造と使い方

ブレッドボードには小さな穴がたくさんあります。この穴をポイントと呼び，縦列と横列とがあります。

縦列は中央の分離帯を挟んで上下に5〜6個のポイントがあり，このポイントはすべて内部で接続されていますので，縦方向のポイントではどこに部品を挿しても機能しますが，全体の部品の配置のバランスをとって挿す位置を決めます。中央の分離帯を挟んだポイントは接続されていないので，分離帯をまたいでDIP※型のICやスイッチなどを挿し込むことができます。

※Dual Inline Packageの略で，ICパッケージの両端に電極を取り付けたもの。

横列のポイントは接続されていませんので，ここに挿し込んだ部品をジャンプワイヤーや部品を使用して横列同士を接続します。ジャンプワイヤーとは，ポイントとポイントを接続する配線材料のことです。

電子工作で使いやすいICなどの電子部品のピン間隔は0.1インチ（2.54mm）となっています。ブレッドボードのポイント間隔も0.1インチとなっていて，ジャンプワイヤーの長さは，0.1インチの倍数のものとなっています。

電源は，赤い線のところ（下側）にプラスの電源を，黒い線のところ（上側）にマイナス（GND：グラウンド）の電源を接続します（写真2.1）。マイナスの電源のポイントの横列は接続されているのに対し，プラス電源のポイントは中央で分離されていますが，左右のポイントはあらかじめジャンプワイヤーで接続されています。このジャンプワイヤーを取り去ると左右に分離でき，別の電圧のポイントと接続することができます。本書で使用する電源はすべて単一電源ですので，このジャンプワイヤーはそのままにしています。

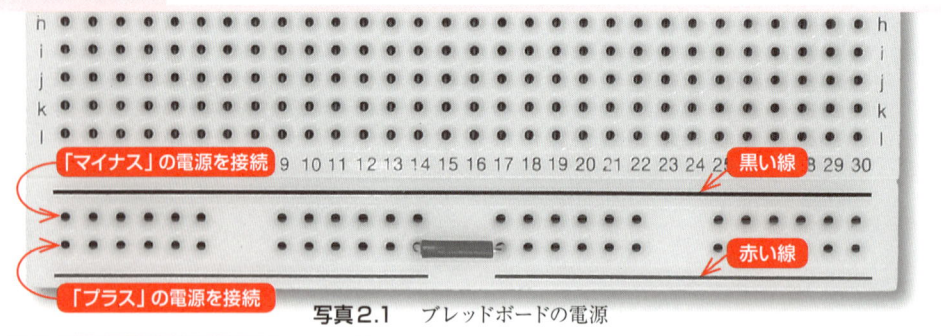

写真2.1　ブレッドボードの電源

そして，図2.1は2本の抵抗R_1とR_2を直列に接続する例で，図2.2はトランジスターと抵抗の回路の接続例です。

ポイントに挿し込むリード線の太さは0.3～0.8mmのものが使用でき，接触抵抗は10mΩ，電流容量は3Aとなっています。構造上，あまり高い周波数の回路（高周波回路）を作ることはできませんが，デジタル回路やオーディオ回路などには問題なく使用することができます。抵抗やコンデンサーなどのリード線が長い部品は，7～10mmほどにカットするとよいでしょう。

本書で使用しているブレッドボードは，縦列6個のポイントがあるものですが，最上列と最下列のポイントは使用しておらず，5個のポイントで配線していますので，一般的な縦5個のポイントのブレッドボードでも使用することができます。

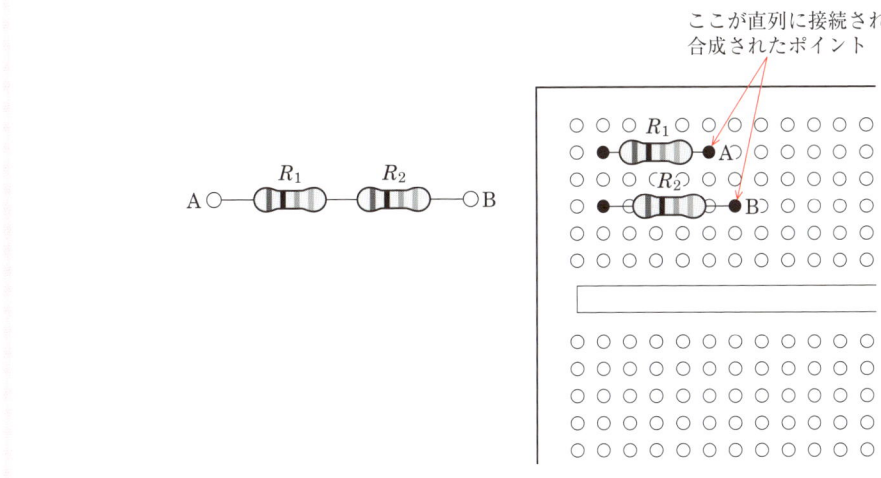

図2.1　2本の抵抗を直列に接続する例

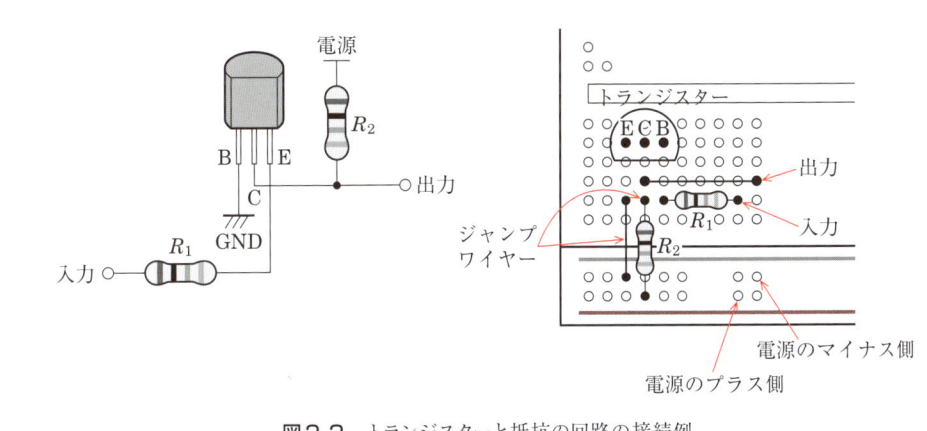

図2.2　トランジスターと抵抗の回路の接続例

コラム ： 電子部品とインチ

　日本ではメートル法を使用しているため，ディスプレイの大きさなどを除いて，ヤード・ポンド法（ゴルフではヤードが使われている）のインチでの表記はあまりなじみがありませんが，ICやコネクターのピンの間隔，そしてブレッドボードなどの電子部品の間隔はインチを基準として作られています。

　1インチは25.4mmで，メートル法で表すと中途半端な値です。DIP（Dual Inline Package）型やSIP（Single Inline Package）型のICのピン間隔は0.1インチ，つまり2.54mmとなります。これに合わせて，ブレッドボードのポイントの間隔も0.1インチ（2.54mm）になっています。

　ジャンプワイヤーを自作する場合，2.54mmの整数倍で折り曲げれば，ポイントにぴったりと入ることになります。トランジスターや抵抗，コンデンサーなどをブレッドボードに挿すときは，リード線の間隔を2.54mmの整数倍になるよう折り曲げます。

　ちなみに1インチは1フィート（304.8mm）の1/12で，1ヤード（914.4mm）の1/36となっています。1/1000インチをミル（mil）といい，メートル法で25.4μmとなります。

3. ブレッドボード工作のために準備する工具

　ブレッドボードによる工作には多くの工具を必要としませんが，目的の電子工作に必要な部品はもちろんのこと，あると便利な工具は揃えておきます。リード線の切断には爪切りでも代用できますが，専用のニッパーや小さな部品やジャンプワイヤーを挿し込むためのラジオペンチ程度は揃えておくとよいでしょう。これらの工具は100円ショップでも購入できます。写真3.1は100円ショップで購入したニッパーと先曲りのラジオペンチです。ラジオペンチは真っすぐなものより，先曲りのもののほうが作業しやすく，また，ジャンプワイヤーを短くするときに絶縁被覆を取り去るためのカッターナイフもあると便利です。

　本書では完成したブレッドボードをケースには収納していませんが，ケースに収納するときは，ドリルやヤスリなどの工具も必要となります。

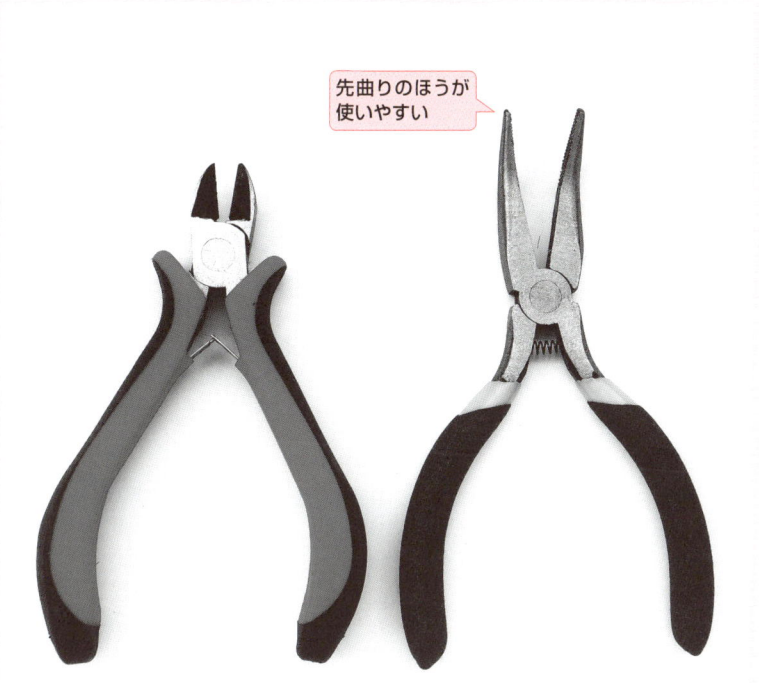

写真3.1 100円ショップで購入したニッパー(左)とラジオペンチ(右)

4. 離れた部品と部品を接続するジャンプワイヤー

　サンハヤト（株）からブレッドボードのためのジャンプワイヤー・キットが販売されていて，写真4.1はSKS-390のキットです。

　単線タイプのものはジャンプする距離に応じた長さにあらかじめ「コの字」に加工されていますので，そのまま使用することができます。この中には，0.1インチから1インチまでの0.1インチごとのものと，2インチのものがあり，また，より線として70mm，100mm，150mm，そして，ミノムシクリップ付きの200mmのものが含まれていますので，用途に合わせて，とても便利に使用できます。これらを写真4.2に示します。2インチまでの単線のものは，ブレッドボードのポイントの幅より少し開いていますので，指で少し狭めると挿し込みやすくなります。

写真4.1　サンハヤトのSKS-390　ジャンプワイヤー・キット

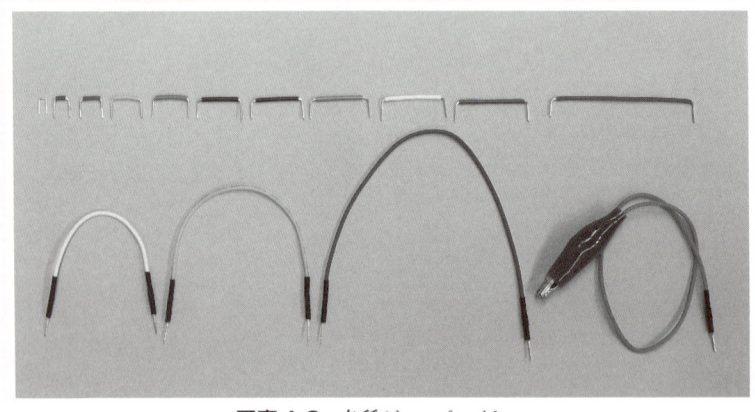

写真4.2　各種ジャンプワイヤー

表4.1にSKS-390に含まれているものを示しますが，このジャンプワイヤー・キットは，製作するものの規模によりSKS-100，SKS-140，SKS-290，SKS-350，SKS-390から選ぶとよいでしょう。

　また，これらのジャンプワイヤー・キットを使用しなくても，被覆された0.5～0.8mmの単線を用意すれば自作することも可能です。自作するときは必要な長さに切断し，両端を8mm程度カッターナイフで被覆を取り去り，直角に折り曲げれば完成です。特に単線で長いものが必要なときは，自作するとよいでしょう。作り方を図4.1に示します。

表4.1　サンハヤトSKS-390に含まれるジャンプワイヤー

線種	サイズ	色	数
単線	0.1インチ	裸	50
	0.2インチ	赤	50
	0.3インチ	橙	50
	0.4インチ	黄	50
	0.5インチ	緑	50
	0.6インチ	青	50
	0.7インチ	紫	50
	0.8インチ	灰	50
	0.9インチ	白	25
	1インチ	茶	25
	2インチ	赤	25
より線	70mm	赤，青，黄，白，黒	20
	100mm	赤，青，黄，白，黒	20
	150mm	赤，青，黄，白，黒	10
	ミノムシクリップ付き	赤，緑，黄，黒	4

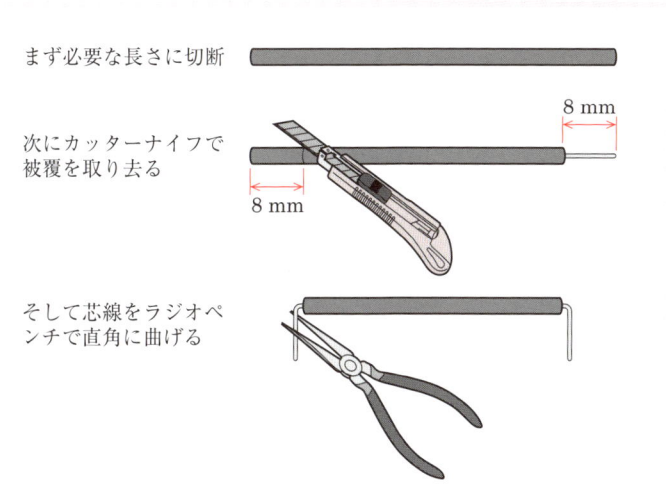

図4.1　ジャンプワイヤーの作り方

コラム : 自作できるジャンプワイヤー

　ブレッドボードによる電子工作の魅力は，何といってもハンダ付けなしで手軽に組み立てられることです。そのためにはジャンプワイヤー・キットやブレッドボード対応部品を購入するのが手っ取り早いのですが，ジャンプワイヤーは数多く使ったり，特定のサイズのものを多く使ったりして，特に短いものが不足しがちです。こんなときには，ジャンプワイヤーを自作しましょう。

　芯線の直径が0.5～0.8mmの単線ワイヤーとカッターナイフとラジオペンチを用意します。単線ワイヤーは0.6mmのものが入手できればよいのですが，ない場合はホームセンターなどで購入できるインターホン用の配線材料でも大丈夫です。この材料は，直径が0.8mmで，ジャンプワイヤー・キットのものより少し太いのですが，ブレッドボードにしっかりと挿し込むことができます。

　作り方は，ポイントの数×2.54mm＋16mmに切断し，カッターナイフで芯線を傷つけないよう，線の端から8mmのところまで両端の被覆を取り除きます。次にラジオペンチで芯線を直角に曲げれば完成です。ブレッドボード上でジャンプワイヤーが交差したり，重なったりしていなければ，被覆のないスズメッキ線を使うこともできます。写真は直径0.6mmの被覆単線で，自作したものです。

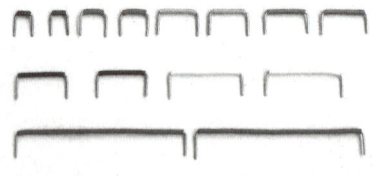

自作したジャンプワイヤー

自作ジャンプワイヤーに
適するワイヤー

5. ブレッドボード工作に使用する部品

　ブレッドボードで使用する部品のリード線は，ある程度の長さが必要です。本書ではまったくハンダ付けをしないで組み立てることを目標としていますので，部品の選択には注意が必要です。たとえば，ボリュームやスイッチ類はポイントに挿し込めるよう，端子が細くて長いものでないと使用することができません。また，スピーカーや電池ボックスなどはあらかじめリード線が付いているものを選ぶとよいでしょう。ボリュームやスイッチの端子の目安としては，太さが0.3〜0.8mm，長さが7〜10mmのものが適当です。このようなものがどうしても入手できないときは，リード線を端子に巻き付け，熱収縮チューブやテープなどで離れないよう固定したり，ミノムシクリップ付きジャンプワイヤーを使用したりする方法もあります。

　次に，本書で使用する主な部品について説明します。

5.1 抵抗

　抵抗は電気の流れを妨げるための電子部品で，どんな電子機器にも必ずといっていいほど使用されています。なぜ，わざわざ電気の流れを妨げるものを使用するのでしょうか。それは抵抗に電流を流すと，その両端に電圧が発生しますので，これを信号（情報）として取り出すことができるからです。また，回路に流れる電流を制限するためにも使用され，発光ダイオード（LED）の電流制限抵抗としても使用されています。

　抵抗と電流，電圧の関係を示す式として有名なオームの法則があります。この法則は回路に流れる電流を I（A：アンペア），加える電圧を E（V：ボルト），抵抗を R（Ω：オーム）とすると，

$$I = \frac{E}{R}$$

の関係式が成り立ちます。この式を変形すると，

$$E = I \times R$$

となり，たとえば，1000Ω（1kΩ）の抵抗に0.001A（1mA）の電流を流すと，その抵抗の両端には，

$$E = 0.001 \times 1000 = 1\text{V}$$

の電圧が発生します。このように，抵抗を用いて電圧を取り出すことができるのです。

抵抗の大きさを表す単位はオーム（Ω）ですが，この値が直接部品に印刷されているものと，カラーコードといって，色の組み合わせで値を示すものとがあります。カラーコードには4本帯と5本帯とがありますが，本書で使用している抵抗はすべて4本帯のカラーコードのものです。4本帯と5本帯のカラーコードの構成を図5.1に示します。また，カラーコードの値と語呂合わせによる覚え方の一例を表5.1に示します。

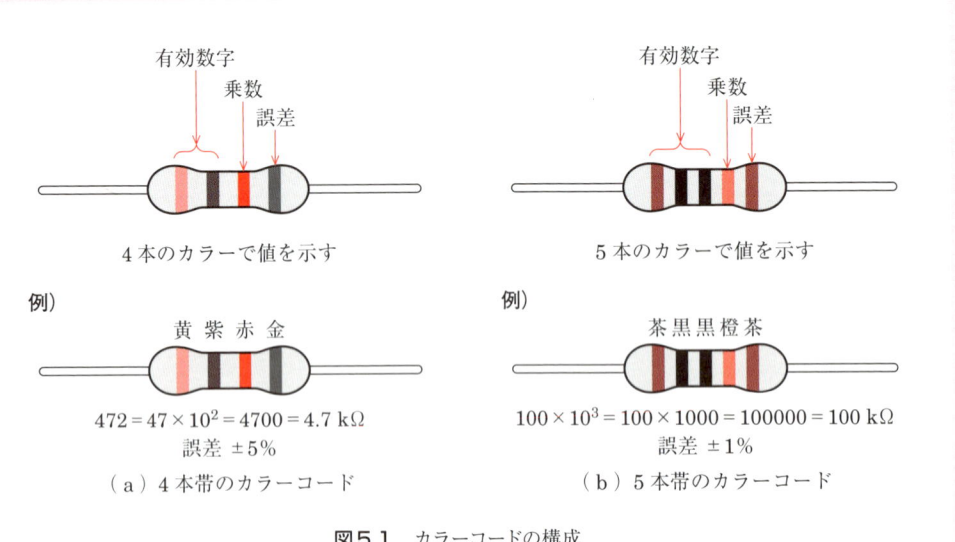

図5.1 カラーコードの構成

表5.1 カラーコードの値と覚え方

色	有効数字	乗数	誤差	覚え方
黒	0	10^0	−	黒い礼 (0) 服
茶	1	10^1	±1%	小林一茶 (1茶)
赤	2	10^2	±2%	赤い人 (2) 参
橙	3	10^3	−	第三 (橙3) の男
黄	4	10^4	−	岸 (黄4) 恵子
緑	5	10^5	−	嬰 (緑) 児 (5) (みどりご)
青	6	10^6	−	青二才のろく (6) でなし
紫	7	10^7	−	紫式 (7) 部
灰	8	10^8	−	ハイ (灰) ヤー (8)
白	9	10^9	−	ホワイト (白) ク (9) リスマス
金	−	10^{-1}	±5%	
銀	−	10^{-2}	10%	

抵抗に電流を流すと，その抵抗で電力が消費されて熱となりますが，どれだけの電力に耐えられるかを表す単位としてワット（W）が使用されています。大きな電流が流れるところには数Wから数十Wの大きなものを，デジタル回路や流れる電流が小さいところには1W以下のもの

が必要となります．なお，本書で使用している抵抗は，すべて1/4Wの小型のものです．

抵抗を構成する材料としては次のものがありますが，本書で使用している抵抗は，炭素被膜抵抗（カーボン抵抗）のものです（写真5.1）．

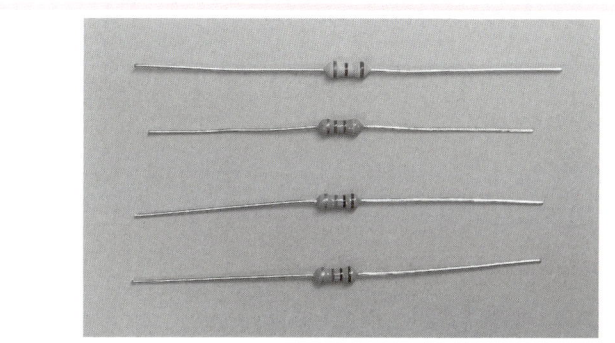

写真5.1 カラーコードが表示されている炭素被膜抵抗（1/4W）

(1) 巻線抵抗

タングステンなどの抵抗値の高い金属線を円筒型の絶縁物に巻いたものです．小さい抵抗値で，大きな電流を流す回路に使用します．

(2) 炭素被膜抵抗（カーボン抵抗）

円筒型の絶縁物に炭素被膜を形成したもので，価格も安く多く使用されています．

(3) 金属被膜抵抗

円筒型の絶縁物に金属被膜を形成したもので，精度もよく雑音の発生も少ないので，測定器やオーディオ機器などの信頼性を必要とする回路に使用されています．

(4) ソリッド抵抗

円筒型のケースに炭素粉末を詰め込んだもので，精度や雑音特性などが劣るので，最近ではほとんど使用されなくなっています．

・抵抗のリード線加工

ブレッドボードに挿し込むために，リード線の折り曲げや切断する加工が必要となります．

どのくらいの距離のポイントに挿すかにより，折り曲げる長さを調整します．

横方向に挿し込むときは，1/4Wの抵抗では0.3インチ（約8mm）が

最短距離で，通常は0.4インチ（約10mm）で折り曲げると安定してきれいに挿し込むことができます。

抵抗を立てて挿し込むときは，隣のポイント（0.1インチ）にも挿し込むことができますが，横方向より背が高くなってしまいます。折り曲げはラジオペンチでリード線を挟んで直角に曲げ，抵抗側のリード線を図5.2のように10mm程度残してニッパーで切断します。

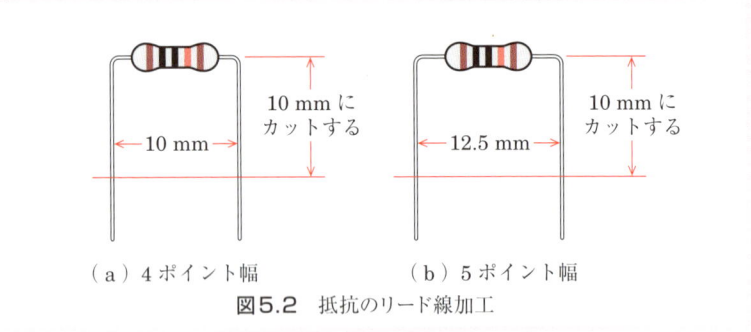

（a）4ポイント幅　　　（b）5ポイント幅
図5.2　抵抗のリード線加工

5.2 コンデンサー

コンデンサーは電気を蓄える電子部品ですが，このほかの特性として交流はよく通すが直流は通さないといった性質を持っています。この性質を利用して電源回路のフィルター※に使用されたり，また増幅器から信号成分を取り出す目的などに使用されます。

コンデンサーの電気を蓄える容量（静電容量）の単位はファラッド（F）ですが，この値はとても大きく，通常は μF（マイクロファラッド：10^{-6}F）や pF（ピコファラッド：10^{-12}F）といった小さなものが一般的に使用されています。しかし，特殊なコンデンサーである電気二重層コンデンサーの静電容量の単位は F（ファラッド）という大容量のもので，半導体メモリーのデータ保存のための電源や蓄電用として利用されています。

本書で使用しているものは電解コンデンサー，フィルムコンデンサー，セラミックコンデンサーで，その内の電解コンデンサーには極性※があります。また，コンデンサーの規格には静電容量のほかに耐圧があり，どのくらいの電圧に耐えられるかを示すものです。

耐圧以上の電圧を加えると，コンデンサーが変形したり破裂したりして，とても危険ですので十分な耐圧のあるものを使用しましょう。本書で使用しているセラミックコンデンサーの耐圧は50V以上，電解コンデンサーは16V以上のものです。

写真5.2の左側の2個は電解コンデンサーで，静電容量そのものが表

※ある周波数のみ通過させる機能を持っている装置。

※プラスとマイナスのこと。

面に記載されていますが，フィルムコンデンサーやセラミックコンデンサーの静電容量の表示方法は次のとおりです。

コンデンサーの表面に3桁の数字が記載されていて，1番目と2番目の数字は静電容量（単位はpF）を，3番目の数字は乗数を示しています。表示の例は次のとおりです。

$102 \rightarrow 10 \times 10^2 = 1000\,\mathrm{pF} = 0.001\,\mu\mathrm{F}$

$103 \rightarrow 10 \times 10^3 = 10000\,\mathrm{pF} = 0.01\,\mu\mathrm{F}$

$104 \rightarrow 10 \times 10^4 = 100000\,\mathrm{pF} = 0.1\,\mu\mathrm{F}$

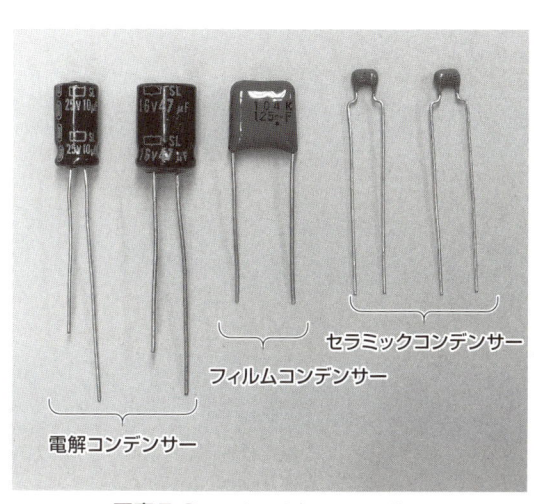

写真5.2　いろいろなコンデンサー

（1）電解コンデンサー

アルミニウムなどの金属の表面を化学処理して酸化被膜を作り，これを誘電体としたコンデンサーで，大きな静電容量のものを作ることができます。なお電解コンデンサーには極性がありますので，プラスとマイナスを間違えないよう注意が必要です。リード線型の電解コンデンサーはプラス側のリード線が長くなっていて，また本体にはマイナス側を示す帯状の印があります（次ページの図5.3）。

（2）フィルムコンデンサー

スチロールやポリエステルなどを誘電体としたコンデンサーで，高周波特性が優れています。

（3）セラミックコンデンサー

酸化チタンやアルミナなどを誘電体としたコンデンサーで，静電容量は比較的小さく，高周波特性が優れています。

(4) 電気二重層コンデンサー

　物理的な反応により電荷を蓄えるコンデンサーで，ファラッド単位の大容量のものを作ることができますが，耐圧が低く，衝撃に弱いのが難点です。電池の代わりに使用されるようになってきました。

・コンデンサーのリード線加工

　リード線型のコンデンサーには長いリード線（30mm程度）が付いていますので，ブレッドボードに適合するよう，図5.3のようにリード線を切断して使用します。

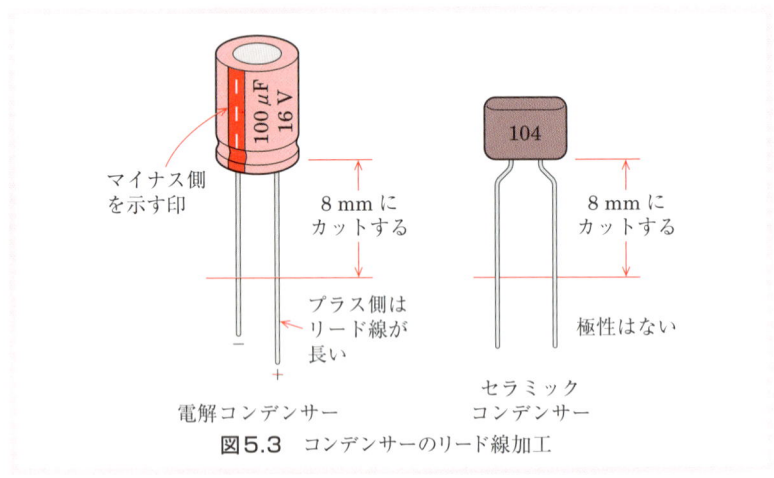

図5.3　コンデンサーのリード線加工

5.3 発光ダイオード

　発光ダイオードはLED※と呼ばれ，電流を流すと発光するダイオードです。発光ダイオードは交通信号機，照明，電飾，広告，液晶テレビのバックライトなど，いろいろなところで使用されています。特に白色LEDが発明されてからは省電力としてのLEDによる照明が急増していて，電子工作でもいろいろな作品が紹介されています。

　発光色は発明当初は赤色のみでしたが，今では白色を初めとして黄色，緑色，青色などがあります。これらはいずれも可視光ですが，目には見えない光として赤外線，紫外線のものもあります。一例として，テレビやエアコンなどのリモコンには赤外線LEDが使用されています。

　LEDの電極にはアノードとカソードとがあります。これらの見分け方は，図5.4（a）のように，アノードのリード線はカソードのリード線より長くなっています。LEDをブレッドボードに適合するように切断するときはアノードとカソードの向きをよく覚えておいてください。アノード側をほんの少し長く切っておくと，わかりやすいと思います。も

※Light Emitting Diodeの略。

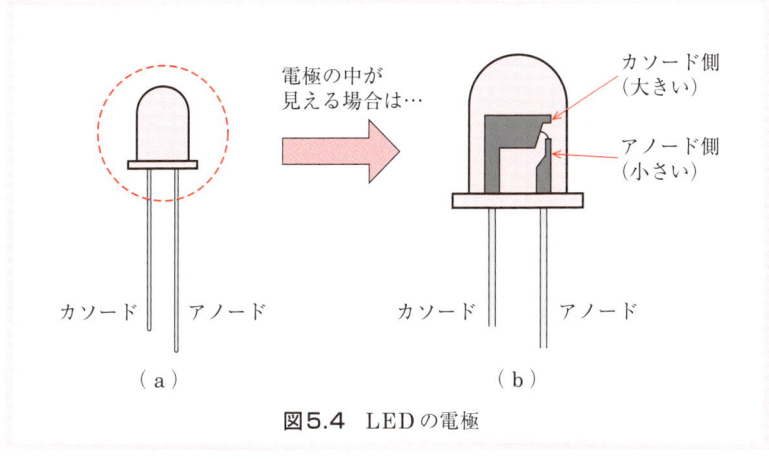

図5.4 LEDの電極

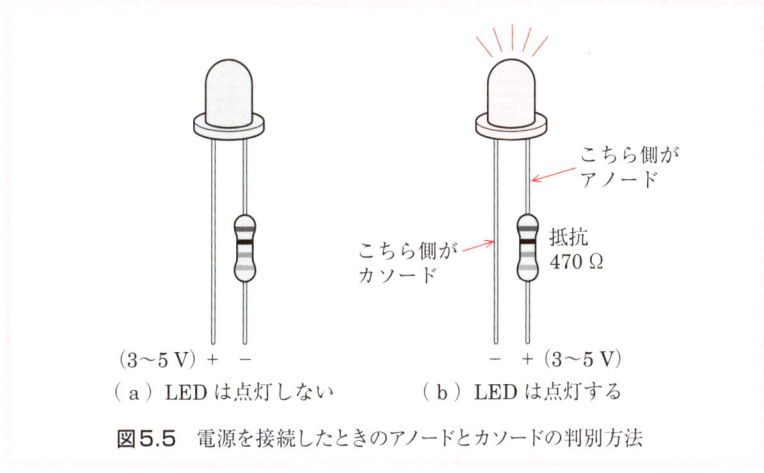

図5.5 電源を接続したときのアノードとカソードの判別方法

し，アノードとカソードがわからなくなってしまったとき，透明の樹脂で中の電極が見える場合は，図5.4（b）のようになっているのが確認できます。電極が小さいほうがアノードとなります。

　もう一つの確認方法としては，図5.5のように470Ω程度の抵抗をLEDと直列に接続し，そして3～5V程度の電源を加えて発光したときはプラス側がアノードで，マイナス側がカソードとなります。接続が逆になっても，この程度の電圧では部品が壊れることはありません。

　LEDに順方向電流を流すと発光しますが，正常に動作させるため決まった電流以下で動作させる必要があります。簡単な方法として，LEDと抵抗を直列に接続して電流を制限するもので，この抵抗を電流制限抵抗といいます。また，定電流ダイオードをLEDと直列に接続して，LEDに流れる電流を一定にする方法もあります。順方向とはアノード側にプラスの電圧を，カソード側にマイナスの電圧を加えることです。この反対の方向を逆方向といい，電流は流れず発光もしません。

17

いろいろなLEDを写真5.3に示します。本書で使用しているLEDは好みで色を使い分けていますが，基本的にはどのような色でも挿し替えが可能ですので，いろいろと変更してみるのも楽しいものです。

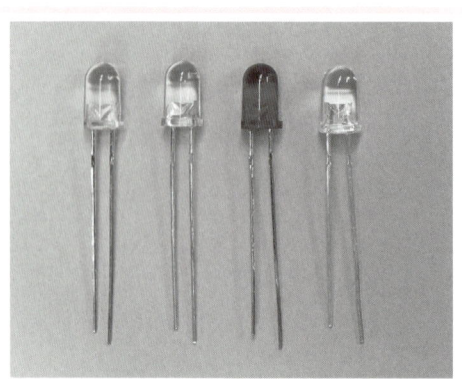

写真5.3 いろいろなLED

(1) LEDのリード線加工

リード線型のLEDをブレッドボードに適合するように，図5.6のように加工します。直径が5mmの砲弾型LEDのリード線の間隔は0.1インチ（2.54mm）のポイントに挿し込むことができますので，単に8mm程度の長さに切断するだけですが，0.2インチ（約5mm）以上のポイントに挿し込むときは，2ポイント幅になるよう加工します。このとき，ブレッドボードに挿し込むときは極性を間違えないよう気を付けるために，アノード側をわずかに長めにしておくことをおすすめします。

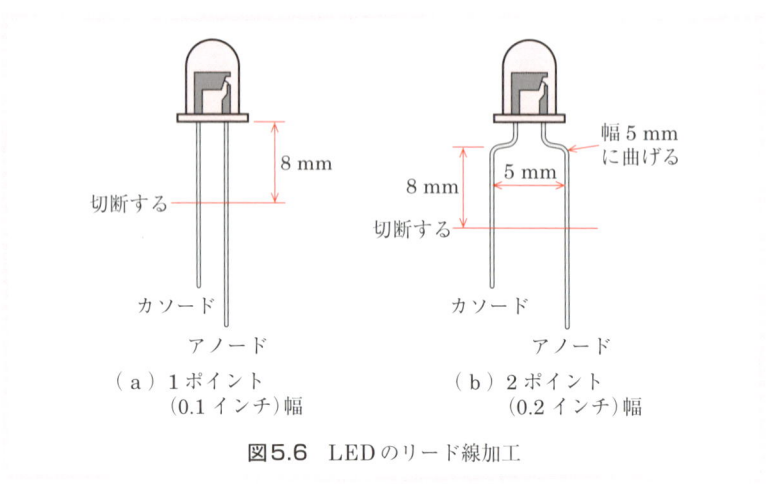

図5.6 LEDのリード線加工

5.4 IC

本書では，機能の異なるいくつかのICを使用していますので，そのICのピン配置や主な機能を説明します。論理回路（ロジック回路）の動作を説明するには，入力や出力がどのような状態になっているかの示し方として，"1"，"0"や"H"，"L"などを使いますが，本書では"H"と"L"の表現を使っています。"H"は電圧が高いことを，"L"は電圧が低いことを意味しています。

(1) 汎用タイマー LMC555

CMOS※型の8ピンのDIP型のICで，小さいパッケージにいろいろな機能が詰め込まれている，とても便利で使いやすいICです。

555（ゴー・ゴー・ゴー）と呼ばれ親しまれているICで，次の機能を持っています。LMC555のピン配置を図5.7に示します。

※Complementary Metal Oxide Semiconductorの略で，入力抵抗が高く，消費電力が少ないのが特長。

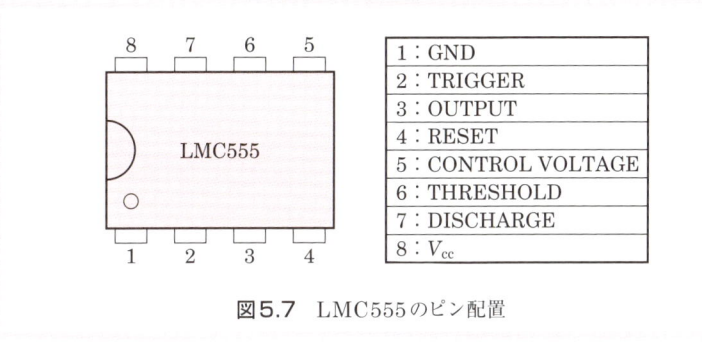

図5.7 LMC555のピン配置

・無安定マルチバイブレーター

連続して発振し続ける機能で，3MHz程度の高い周波数の発振もできます。

・単安定マルチバイブレーター

ワンショット・マルチバイブレーターとも呼ばれ，トリガーピンが"H"から"L"に変化すると，抵抗とコンデンサーの時定数※により，出力が一定時間"H"となる機能です。短い信号を引き延ばして長くするときなどに用います。この機能を利用した分周機能※もあります。

※抵抗を通してコンデンサーを充放電するときの時間のこと。
※周波数を低くする機能のこと。

・パルス幅変調

PWM※とも呼ばれ，アナログ信号の電圧レベルによりパルス幅が変化する機能です。

※Pulse Width Modulationの略。

写真5.4 本書で使用するIC

(2) コンパレーター　LM339N

　このICは，基準電圧に対して入力電圧がそれより高いか，低いかを判定する機能を持っていて，変化する電圧の監視などに使用し，LM339Nは14ピンのDIP型のICで，同じものが4回路あります。

　入力ピンにはプラスとマイナスとがあり，どちらを未知の電圧入力に使用するかで，基準電圧に対して入力電圧が超えたときに出力が"H"になる方法と，基準電圧より入力電圧が下がったときに"H"となる方法が選択できます。LM339Nのピン配置を図5.8に示します。なお出力はオープンコレクター方式[※]となっているため，外部に負荷抵抗を接続する必要があります。

※出力部分のトランジスターのコレクターに負荷抵抗が付いていない回路方式のこと。

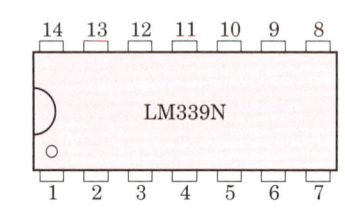

1：OUTPUT2	8：INPUT3−
2：OUTPUT1	9：INPUT3＋
3：V＋	10：INPUT4−
4：INPUT1−	11：INPUT4＋
5：INPUT1＋	12：GND
6：INPUT2−	13：OUTPUT4
7：INPUT2＋	14：OUTPUT3

図5.8　LM339Nのピン配置

(3) カウンター　HD74HC4040

　このICは，バイナリーカウンターといい，入力周波数を1/2，1/4，1/8，……，1/1024，1/4096というように12の出力を持っています。たとえば入力のCLKピンに4096kHzの周波数の信号を入力すると，一番目の出力（Q_1）は2048kHz，二番目の出力（Q_2）は1024kHz，12番目の出力（Q_{12}）は1kHz（1000Hz）となります。CLRピンを"H"とするとすべての出力は"L"となります。このICを動作させるためには，CLRピンを"L"としておく必要があります。このICのピン配置を図5.9に示します。このICは，いろいろな半導体メーカーで製造されていて，たとえばSN74HC4040はHD74HC4040と同等品です。

(4) 電子オルゴール　UM3481/UM3482/UM3485/UM66T-01L

　これは機械的な部分を持たないでオルゴールメロディーを奏でるICで，

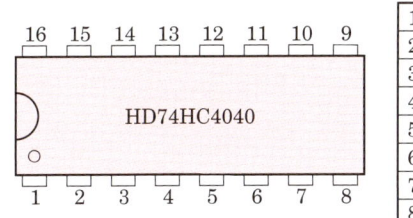

図5.9　HD74HC4040のピン配置

内部に複数のメロディーデータが格納されています。わずかな外付け部品で，いろいろな曲を演奏することができます。

UM3481，UM3482，UM3485は，UM3481シリーズの16ピンのオルゴールICで，ブレッドボード上の回路はそのままで挿し替えが可能で，違う曲を演奏することができます。

UM3481は，クリスマスソングが8曲，UM3482はHappy Birthdayなど12曲，UM3485は，Yesterdayなどの馴染みのある曲が5曲入っています。UM3481シリーズのピン配置を図5.10に示します。

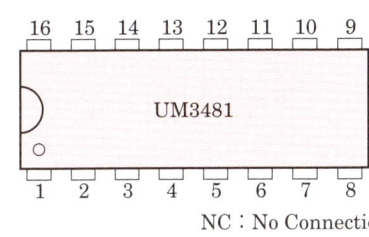

図5.10　UM3481のピン配置

UM66T-01Lはトランジスターと同じように3端子のもので，クリスマスソングが3曲入ったものです。わずかな外付け部品で，手軽に電子オルゴールを作ることができます。このピン配置を図5.11に示します。UM66Tシリーズとして，いろいろなものがありますので好みにより選択するとよいでしょう。

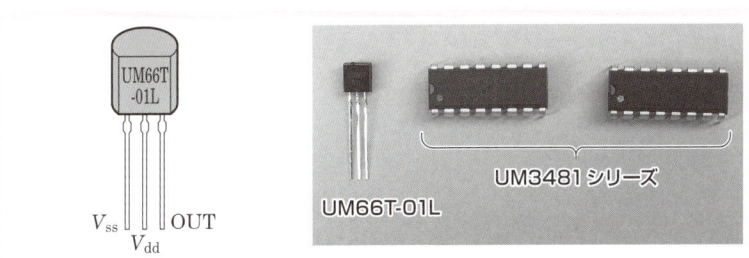

図5.11　UM66T-01Lのピン配置　　写真5.5　本書で使用する電子オルゴール

5.5 トランジスター

トランジスターは増幅機能を持った部品です。増幅機能を飽和状態で使用することにより、スイッチとしての役割を果たすこともできます。

本書で使用しているトランジスターは、電子工作で最もポピュラーな2SC1815と2SA1015の2種類です。これらのピン配置とその外観を図5.12に示します。

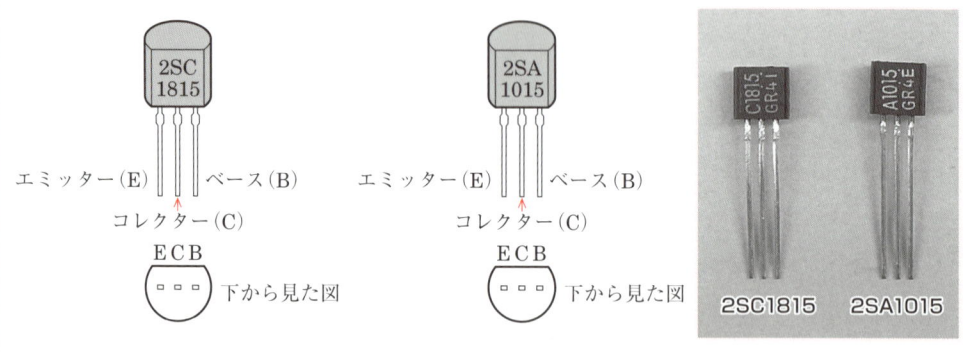

図5.12　2SC1815と2SA1015のピン配置とその外観

※小型の半円筒型のパッケージのこと。

※プリント基板のパターン面に直接取り付ける方式でリード線がない部品のこと。

これらのトランジスターの形状は、TO-92型※で、ごく一般的な3端子型の小電力用のものですが、近年、ICや抵抗をはじめとしてトランジスターも表面実装型※に移行しており、TO-92型のようにリード線のものは、使用に際して非推奨品や生産中止品となりつつあります。

2SC1815や2SA1015は現在、廃番となっていますが、まだ大量に市販されているので、すぐに入手困難ということはなさそうです。もし入手できなくなったときは、同等の代替品を使用しましょう。本書で製作しているものは、スイッチング素子として使用しているのがほとんどですので、特性はあまり気にすることなく使用できます。

2SC1815の代替品としては、Fairchild社のKSC1815やJCET社のC1815など、そして2SA1015の代替品としては、同じくFairchild社のKSA1015やJCET社のA1015などが挙げられます。

5.6　フォトトランジスター（明るさセンサー）

本書で使用しているフォトトランジスターNJL7502Lは発光ダイオードと同じ形状で、電極はコレクターとエミッターで構成されています。光の強さにより、コレクター電流が変化することで明るさを検出することができます。ピン配置とその外観を図5.13に示します。リード線が長いほうがコレクターで、短いほうがエミッターとなります。

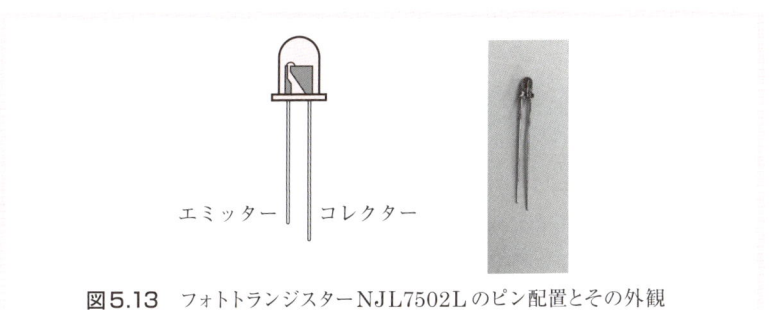

図5.13 フォトトランジスターNJL7502Lのピン配置とその外観

5.7 温度センサー

本書で使用しているLM61BIZは低価格で精度もよく，-30℃～+100℃の範囲を測定できる温度センサーとして広く使用されています。出力電圧は+300～1600mVで，温度に対してリニア（直線的）なアナログ出力となっています。ピン配置を図5.14に示します。

図5.14 温度センサーLM61BIZのピン配置

5.8 スイッチ

本書で使用しているスイッチは，タクトスイッチ※です。このスイッチには4つの端子があり，ボタンを押すと図5.15に示す端子がオンとなります。このためブレッドボードに挿し込む方向には注意が必要で，中央の分離帯をまたぐように挿し込みます。

※小型の押しボタンスイッチのこと。

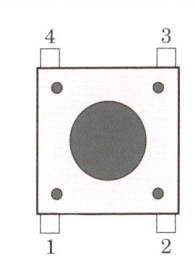

1番と4番は接続されている。
2番と3番は接続されている。
スイッチを押すと1番と2番，3番と4番が接続される。

図5.15 タクトスイッチの構造とその外観

5.9 ボリューム

ブレッドボードで使用するためのボリューム（可変抵抗器）はハンダ付けのものと構造が異なり，ポイントに挿し込めるピン型が必要となります。サンハヤトのブレッドボード用部品パックSBS-P01（写真5.6）にはピン型の1MΩ，100kΩ，10kΩのボリュームがそれぞれ2個ずつ入っています。このほかに2端子のタクトスイッチとスライドスイッチも，このパックに含まれています。また，多回転半固定型ボリューム（縦型）もピンが長いので使用することができます。これらを写真5.7に示します。右側のボリュームはSBS-P01に入っているものです。

写真5.6 サンハヤトのブレッドボード用部品パック（SBS-P01）

写真5.7 ブレッドボード対応型ボリューム（左は多回転半固定型ボリューム）

5.10 圧電スピーカーと電子ブザー

いずれも圧電素子からなる電気信号を音に変換する電子部品で，本書で使用しているものは，外部から信号を加えるものと内部に発振器があり電圧を加えるだけで発振音が出るものです。前者を圧電スピーカー，後者を電子ブザーと呼んでいます（写真5.8）。

圧電スピーカーは外部の発振器で音色を変えることができますが，電子ブザーはあらかじめ決まっている発振音だけで，音色を変えることはできません。

写真5.8 圧電スピーカー（左）と電子ブザー（右）

5.11 スピーカー

電気信号を音に変換する電子部品で，永久磁石とコイルから構成されています。コイルに信号電流を流すと，それと一体となったコーン※が振動し，音となって聞こえます。ブレッドボードにスピーカーを接続する方法としては，次の方法があります。

① あらかじめリード線が付いているものを使用する
② より線をスピーカーの端子に結び付け，熱収縮チューブやテープで固定し，2端子のブロックターミナル※を使用する
③ ジャンプワイヤー・キット（サンハヤトのSKS-390）内のミノムシクリップ付きワイヤーを使用する（写真5.9）

※紙や布でできた振動する部分のこと。

※リード線をネジで固定し，ブレッドボードに挿し込む部品のこと。102ページ参照。

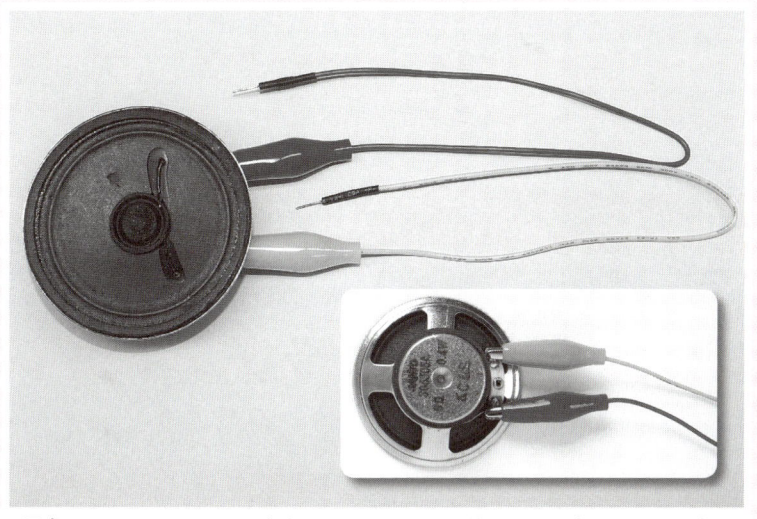

写真5.9 ミノムシクリップ付きジャンプワイヤーを使用したスピーカーとその裏面

5.12 リレー

リレーは継電器ともいい，コイルに電流を流すと電磁石の作用で鉄片が動き，接点をオンとする電子部品です（写真5.10）。

制御する回路と絶縁して他の機器などをオン・オフすることができることから元の回路と分離でき，高い電圧の回路の電源を入れたり，切ったりするときは安全に使用することができます。

写真5.10 リレー

5.13　PIRセンサー

PIR※は赤外線を検出し，外部に信号を出力する電子部品です（写真5.11）。赤外線センサーの前方15度くらいの範囲に赤外線を発する物体（人間など）があり，かつ動きがあるときに出力端子が"H"となって，この信号によりLEDを点灯させたり，リレーを動作させたりする回路を作ることができます。

※Passive Infra-Redの略。

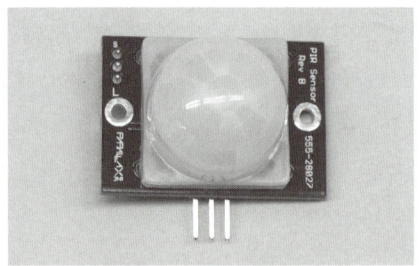

写真5.11　PIRセンサー

5.14　電源

ブレッドボードで組み立てた電子回路へ供給する電源は，電池やACアダプターからのものがあります。本書で使用している電池式のものは，スイッチ付きの電池ボックスを用いています（写真5.12）。

製作したものを長時間継続して使用するときは，電池の消耗を気にしなくてよいACアダプターがおすすめです。本書では出力電圧5V，電流は1A程度のものを用意しましたが，オーディオ用ステレオアンプは，12V/1Aのものを使用しています。

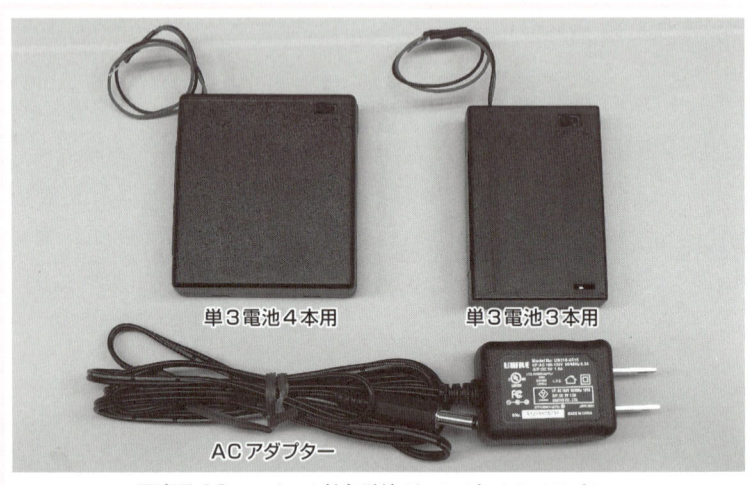

写真5.12　スイッチ付き電池ボックスとACアダプター

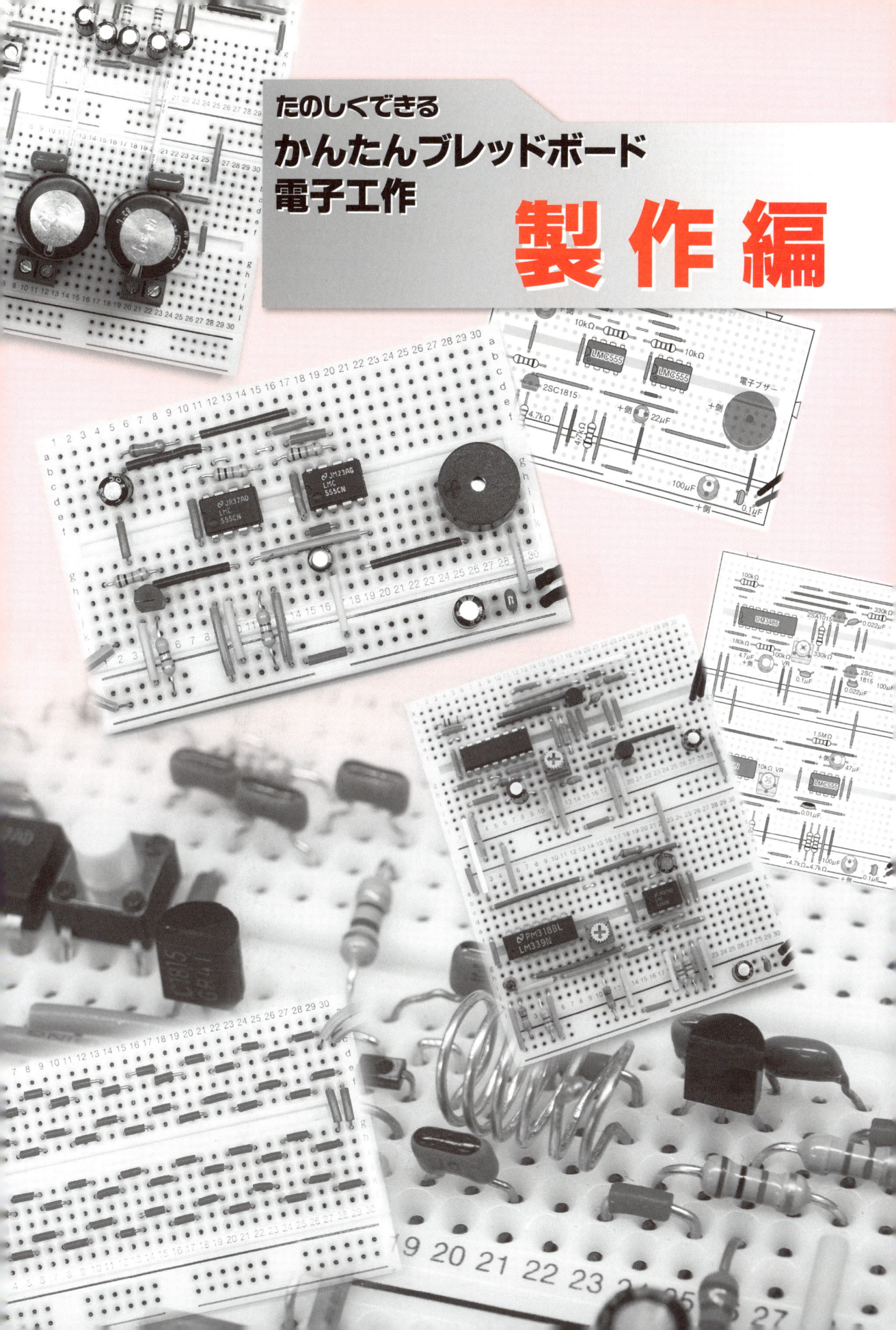

1. ゆらゆらと点灯する 電子ローソク

　ゆらゆらと揺れる炎をイメージした電子ローソクを製作します。光の元は，ローソクの炎の色に近い黄色の発光ダイオード（LED）を使用します。本物のローソクはわずかな空気の流れで炎が揺らぎますが，LEDを単純に点灯させたのではその揺らぎの雰囲気は出ませんので，本機では揺れた感じを出すためにLEDを点滅させ，さらに炎をイメージしたカバーを取り付けて，より本物のローソクらしく見えるようにしています（写真1.1）。さらに，誕生日にケーキの上のローソクを吹き消すセレモニーにも対応する機能を付けてみました。

写真1.1　ゆらゆらと点灯する電子ローソク（LEDを3本使用した例）

(1) 回 路

　汎用タイマーICのLMC555を，無安定マルチバイブレーターとして約25 Hzを発振させ，この出力でLEDを点滅させています。1.2 kΩと2.2 kΩの抵抗，そして10 μFの電解コンデンサーで約40 ms（ミリセコンド）の周期で発振を繰り返しています。

　LMC555の3番ピンの出力が"H"のときにLEDが点灯し，"L"のときに消灯します。LEDと直列に接続している470 Ωの抵抗は，LEDに流れる電流を制限する「制限抵抗」と呼ばれるものです。LEDには5 mA程度の電流が流れますが，LEDは高輝度のものを使用していますので，十分に発光させることができます。LMC555のピン配置は基礎編※を参照してください。

※19ページ参照。

　このLMC555の出力は50 mA程度の電流を流すことができますので，7～8個程度のLEDを接続することができます。このときは，470 Ωの抵抗とLEDを直列※に接続したものを並列※に接続します。

※LEDのアノード側に抵抗を接続する。
※直列に接続した抵抗どうしを接続，またLEDのカソードどうしを接続する。

(2) 製 作

　本製作に必要な部品を表1.1に示します。抵抗3個，コンデンサー3個，LED1個，そしてタイマーICのLMC555が1個と部品数も少ないので，簡単に製作できます。写真1.1はLEDを3本使用した例ですが，ここではLEDを1本のみ使用して製作します。

表1.1　部品表

部　品　名	規　　格	数量
タイマーIC	LMC555	1
LED	高輝度　黄色　直径5mm	1
抵抗	2.2 kΩ（1/4W）［赤赤赤金］	1
	1.2 kΩ（1/4W）［茶赤赤金］	1
	470 Ω（1/4W）［黄紫茶金］	1
セラミックコンデンサー	0.1 μF［104］	1
電解コンデンサー	100 μF（16V）	1
	10 μF（16V）	1
ブレッドボード	サンハヤトSAD-101	1
配線材料 ジャンプワイヤー	サンハヤト ジャンプワイヤー・キット	一式
アルミ箔	10×10mm程度	少量
梱包用シート		〃
ローソクのロウの部分	白紙	〃
電池	単3型	3
電池ボックス	単3電池3本用　電源スイッチ付き	1

　写真1.2と図1.1の実体配線図を参考にして抵抗，コンデンサー，LED，LMC555の部品を指定のポイントへ挿し込み，次にジャンプワイヤーで配線をします。最後に部品の位置や配線に誤りがないかを確認

写真1.2 ブレッドボード上のようす

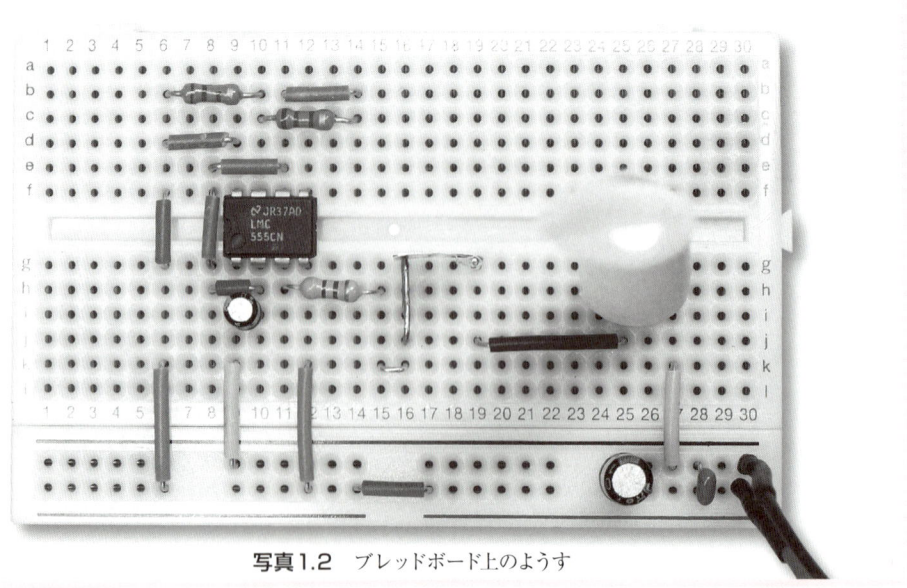

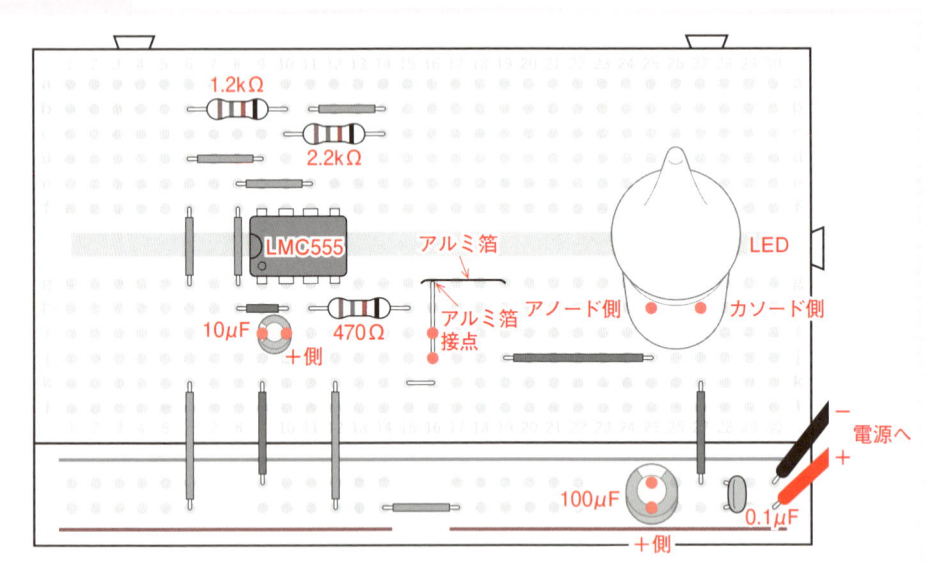

図1.1 実体配線図

し，電源を接続してLEDが点滅すれば，正常に配線がされていることになります。

なお，コンデンサーや抵抗の値を変えることにより，発振周波数を変えることができます。たとえば2.2kΩの抵抗を1〜4.7kΩの抵抗に変えて，試してみるのもよいでしょう。20〜30Hz程度の周波数がローソクの雰囲気が出ますが，本機はその中間の25Hzを発振させています。電源は，単3電池3本をスイッチ付き電池ボックスに入れて4.5Vとしています。

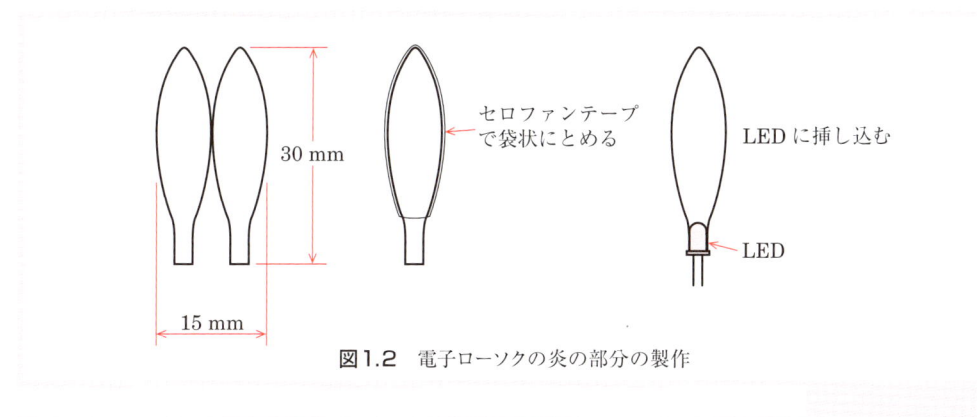

図1.2 電子ローソクの炎の部分の製作

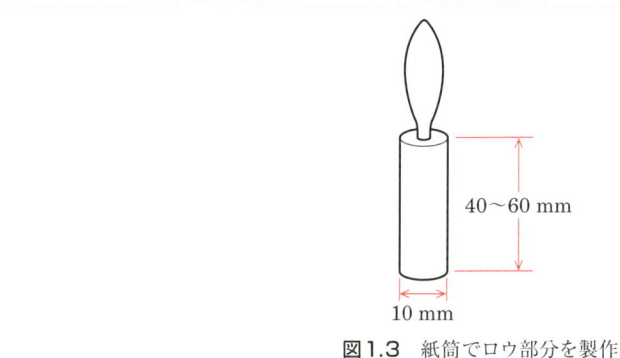

図1.3 紙筒でロウ部分を製作

　このセットではよりローソクのイメージを出すために，LEDの周囲を薄い梱包材で炎の形のカバーを被せます。図1.2のように梱包材を切り，接着剤やセロファンテープなどで袋状のカバーを作り，根元を糸で縛り付けてローソクの炎の形に整えます。梱包材の代わりにティッシュペーパーでも炎の雰囲気を出せますので，試してみてください。

　また，白い紙を鉛筆などに巻き付けて図1.3のような直径10 mm，長さ40～60 mm程度の筒を作って，この先端にLEDを取り付けると，よりローソクの雰囲気が出ます。ただし紙筒に入れるとLEDのリード線はブレッドボードに届きませんので，0.5 mm程度の単線をリード線に巻き付け，セロファンテープや熱収縮チューブで絶縁します。

　誕生日のお祝いでローソクを吹き消すセレモニーがありますが，これを実現してみましょう。用意するものは，厚手のアルミ箔（料理に使う小さなカップ状のもの）か市販のアルミホイルを重ねて厚くしたものを10×10 mm程度に切り，抵抗のリード線を切断したものを図1.4のように旗状にしてスイッチを作ります。

　LEDの回路と直列に接続し，接点が付いているときはLEDが点滅，息を吹きかけると，その風圧で旗状のアルミ箔が動き，接点が離れてLEDが消えるという仕組みです。

　このスイッチをLMC555の3番ピンに接続されている470 Ωの抵抗

製作編

1. ゆらゆらと点灯する 電子ローソク

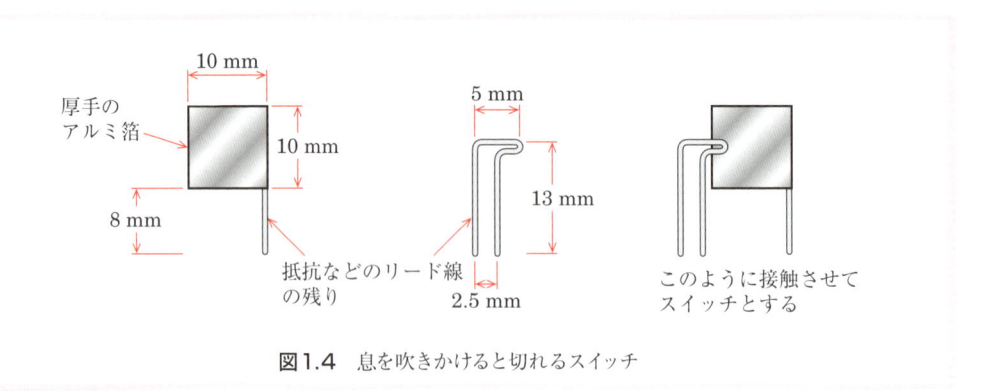

図1.4 息を吹きかけると切れるスイッチ

とLEDの間に挿入し，通常は接続されていてLEDが点滅する状態に調整します。息を吹きかけると旗状のアルミ箔が動き，LEDの回路が断となり，LEDが消えることを確認してください。ローソクの数を増やしたりして誕生日のサプライズグッズとしてみてはいかがでしょうか。

コラム ： タイマーIC「555」

　このICの歴史はとても永いものがあります。1971年シグネティクス社の技術者により設計されたもので，電子工作のマニアの間では「ゴーゴーゴー」の名称で親しまれていて，「GoGoGo」の響きと合致するものがあり，とても身近なデバイスに感じます。

　一般にICの寿命は，比較的短命で次から次へと新しい機能を盛り込んだものが出ると，それまでのものは消え去ってしまいますが，「555」は40年以上も前に設計されたICですが，今でも現役として使用されている驚きのICです。内部構造も比較的シンプルで理解しやすく，まさに「Simple is Best」の代表格ではないでしょうか。

　このICが設計された当時は，筆者も電子工作に夢中になっていた年頃で，555の出現にはびっくりした記憶があります。わずか8ピンの小さなICに多くの機能が詰まっていて，外付けの部品の数は，ほんの少しにもかかわらず，いろいろな利用方法があり，さらに電

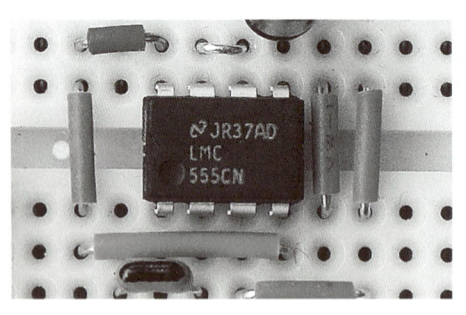

ブレッドボードに実装されたタイマーIC「555」

源電圧の幅も広く，出力電流も多く取れ，かつ低価格という，いいことずくめのICでした。

その後，各社がこのICの相当品の製造を始め，現在は省電力タイプのナショナルセミコンダクター社のLMC555のようなCMOS-ICのものが主流を占めています。パッケージもDIP（Dual In Line Package）型はもとより，時代と共に表面実装が可能なMini Small Line PackageやMicro SMD Packageのラインナップがあります。

電子工作で使いやすいのは何といってもDIP型で，小さな万能基板やブレッドボード上に抵抗やコンデンサーなど数個の部品を実装するだけでいろいろな回路を作ることができます。

本書で説明している抵抗やコンデンサーの特長や使用方法を，この「555」で学んでみてはいかがでしょうか。実際に回路を組んでみると，いろいろなことがわかります。ブレッドボードを使用することにより面倒なハンダ付けからも解放され，気楽に電子工作を楽しむことができます。

また，これとは別に一つのパッケージに同じ機能が2個入った「556」もありますが，ピン数も8ピンから14ピンと多くなっています。

LMC555はどのような規格なのか，ここでデータシートを覗いてみましょう。

5Vで1mWの低消費電力，3MHzまでの無安定周波数対応，1.5Vの低電圧動作，そしてTTLやCMOSロジックICと完全互換などの多くの特長を持っていて，アプリケーションとしては次のものがあります。

・トリガーパルスにより一定の長さのパルスを出力する単安定マルチバイブレーター
・連続発振する無安定マルチバイブレーター
・アナログ信号をパルスの幅へ変換するパルス幅変調（PWM）
・周波数分周回路（周波数を低くする）
・入力信号に対してパルスの位置が変化するパルス位置変調

わずか8ピンのICで，こんなに多くの機能が実現できることが今でも使われている理由だと思います。

今では，5個100円で購入できる時代です。どんどんこのICを使用して面白い電子工作をしてみてください。具体的な製作例は，インターネットでたくさん検索できます。きっと「555」のすばらしさに感動し，このICのファンとなることでしょう。

2. ほのかに明るくなったり暗くなったりする 電子ホタル

池や小川に飛び交うホタルはめっきり減ってしまい，なかなか見る機会が少なくなりました。ほのかな光が，ゆっくりと明るくなったり，暗くなったりするホタルの光は，何ともいえない癒しを与えてくれます。そんな光をまねてLEDによる電子ホタルを製作します（写真2.1）。

ベランダや庭の片隅でゆっくりと明るくなったり，暗くなったりする自然のホタルの雰囲気を出してみました。自然のホタルの色は蛍光色と言われていますが，ここでは青色と黄色のLEDで，少し変わったホタルとしています。緑色のLEDを使うと自然のホタルに近い色を表現できると思いますので，試してみてください。

写真2.1 "ゴーヤカーテン"に設置した電子ホタル

(1) 回 路

　コンデンサーと抵抗による充放電を利用し，コンデンサーの両端の電圧の変化でLEDの明るさをコントロールさせるもので，汎用タイマーICのLMC555を無安定マルチバイブレーターとして使用します。

　7番ピンの出力波形は，図2.1のように"H"となっている時間が約2.5秒，"L"となっている時間が約2.5秒で合計約5秒（0.2Hz）の発振器となります。このように，"H"となっている時間と"L"となっている時間の比率をデューティ比といい，"H"と"L"が同じものをデューティ比50％といいます。一般的に使用されている無安定マルチバイブレーターでデューティ比を50％とするのは結構めんどうなのですが，CMOS型のLMC555を使用したちょっと変わった回路とすることにより，デューティ比を50％とすることができます。

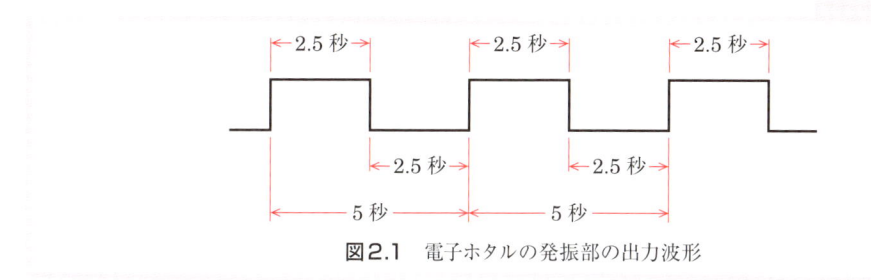

図2.1 電子ホタルの発振部の出力波形

　通常の無安定マルチバイブレーターは3番ピンの出力を使用しますが，本機では7番ピンから出力を得る回路としています。LMC555のピン配置は基礎編[※]を参照してください。

※19ページ参照。

　本機は2個のLEDを使用していますが，デューティ比を50％とすることで，それぞれのLEDの点灯している時間を同じにすることができます。7番ピンが"H"のとき，1.5MΩの抵抗を通して33μFのコンデンサーに充電が始まり，コンデンサーの電圧は徐々に上昇し，10kΩの抵抗を経由してトランジスターのベース電流が増加します。これに伴い，コレクター電流も増加することによりLEDが徐々に明るくなります。次に7番ピンが"L"になると，充電されたコンデンサーから放電が始まり，コンデンサーの電圧は徐々に下がっていってLEDは徐々に暗くなります。このように約5秒ごとにこの動作を繰り返し，ホタルのようにゆっくり明るくなったり，暗くなったりします。もう一つのLEDを点滅させるために，7番ピンの出力をトランジスターで反転（"H"から"L"へ，"L"から"H"へ変換）させて，その出力を1.5MΩの抵抗を通して，もう一つのものと同じようにLEDをホタル点滅させます。つまり，二つのLEDが交互にホタル点灯することになり，あたかも二匹のホタルが光っているかのように見せています。

(2) 製 作

本製作に必要な部品を表2.1に示します。LED，抵抗，コンデンサーなどのリード線の折り曲げや切断については，基礎編※を参照してください。

※14, 16, 18ページ参照。

表2.1 部品表

部 品 名	規 格	数量
タイマーIC	LMC555	1
トランジスター	2SC1815	3
LED	黄色 直径5mm	1
	青色 直径5mm	1
抵抗	1.5MΩ（1/4W）［茶緑緑金］	3
	10kΩ（1/4W）［茶黒橙金］	2
	4.7kΩ（1/4W）［黄紫赤金］	3
	240Ω（1/4W）［赤黄茶金］	2
セラミックコンデンサー	0.1μF［104］	1
電解コンデンサー	100μF（16V）	1
	33μF（16V）	2
	2.2μF（16V）	1
ブレッドボード	サンハヤトSAD-101	1
配線材料 ジャンプワイヤー	サンハヤト ジャンプワイヤー・キット	一式
電池	単3型	4
電池ボックス	単3電池4本用 電源スイッチ付き	1

　最初にタイマーICのLMC555の位置を決め，次に抵抗やコンデンサーを挿し込みます。抵抗のリード線の折り曲げは，4ポイント間隔（0.4インチ：約10mm）と5ポイント間隔（0.5インチ：約12.5mm）のふたとおりがあります。電源ラインからのものは，5ポイント間隔となります。写真2.2と図2.2の実体配線図を参考にして挿し込んでください。

　LEDは2色（黄色と青色）を使用し，少し変わった雰囲気のホタルとしましたが，好みにより赤色，緑色，白色などのLEDと差し替えてみるのも面白いと思います。

　LMC555の発振部の2.2μFの電解コンデンサーの静電容量の値を変えると，点灯する時間が変わります。2.2μFのときは5秒間隔ですが，これを4.7μFにすると10秒間隔と長くなり，1μFとすると2.2秒間隔と短くなりますので，いろいろ試してみてください。また，LMC555の3番ピンに接続されている1.5MΩの抵抗を変えることでも，同じように点灯の時間を変えることができます。この抵抗の値を小さくすると点灯の間隔は短くなり，大きくすると長くなります。

　LEDの明るさの調整は，LEDと直列に接続されている240Ωの抵抗の値を変化させて行います。大きくすると暗くなり，小さくすると明るくなりますが，100Ω以下にしてしまうとLEDに流れる電流が大き

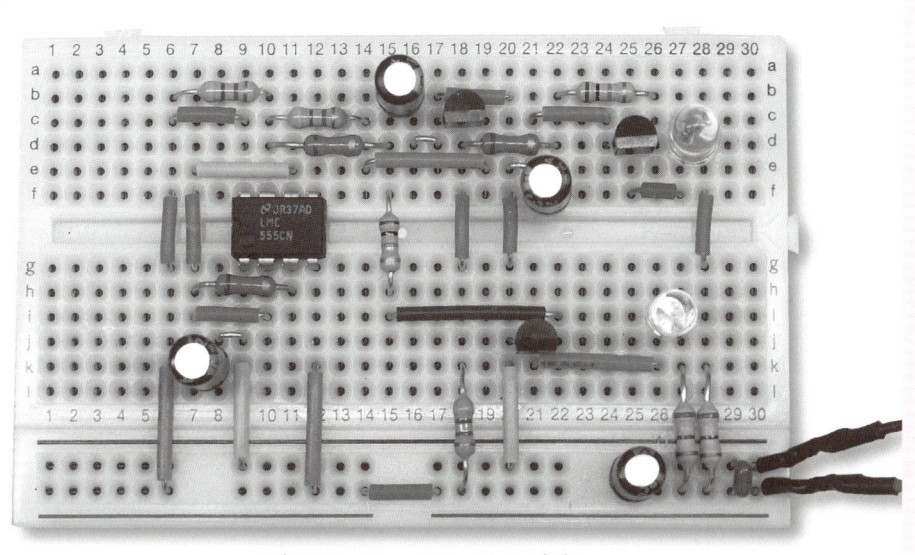

写真2.2 ブレッドボード上のようす

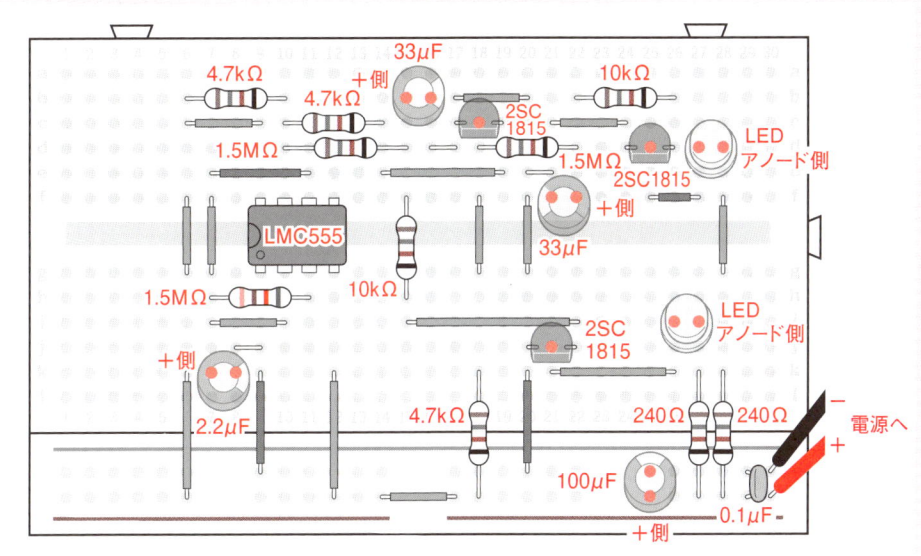

図2.2 実体配線図

くなって発熱や電池の消耗を早めてしまうので，避けてください。

　電源は単3電池3本では電圧低下時に点滅しなくなりますので，4本使用して6Vとしています。本機と電池ボックスを防水ケースやジッパー付きビニール袋などに入れて，屋外に置いて電子ホタルを鑑賞してみてください。また，複数台製作して多くのホタルを飼ってみてはいかがでしょうか。

　前述のように発振部の電解コンデンサーの静電容量や抵抗の値を変えると点滅の周期が変わりますので，せっかちなホタルやのんびりしたホタルなどを楽しんでみてください。

"チュ・チュ・チュ"，"ピョ・ピョ・ピョ"と鳴く
3. 虫や鳥の電子鳴き声発声機

　"チュ・チュ・チュ"，"ピョ・ピョ・ピョ"や"ピョー・ピョー・ピョー"といった虫や鳥の鳴き声に似せた電子音を出すものを製作します（写真3.1）。発振器の周波数を決めるコンデンサーの静電容量の値を変えることにより，いろいろな鳴き声を作り出します。

　トランジスターを使用したブロッキング発振器による虫や鳥の擬似音を出す回路はよく見かけますが，本機は発振部にLMC555を使用したもので，簡単な回路としています。

写真3.1　草むらの中に設置した虫や鳥の電子鳴き声発声機

(1) 回　路

　本機は2個のタイマーICのLMC555を使用しています。一つは虫や鳥の鳴き声の周期を決める発振部，もう一つは虫や鳥の鳴き声を作り出す発声部に使用しています。

　発振器のコンデンサーの充放電時の電圧の変化で，発声部のVCO[※]機能を利用して発振周波数を変化させます。

　本機は圧電スピーカーを使用していますが，これは圧電素子に電圧を加えると，この素子にひずみが発生して音が出るものです。電子ブザーの発振音は固定ですが，圧電スピーカーはある程度の範囲の周波数でいくつかの音を出すことができます。したがって，これを駆動するための外付け発振器が必要となり，発声部のLMC555がこの役目をしています。

　タイマーICのLMC555では，低い周波数の発振をさせるときはコンデンサーの静電容量の値が比較的大きなものを使用します。このコンデンサーの両端の電圧波形はノコギリの歯のような形をしていて，これを鋸歯状波と呼んでいます。発振が継続しているとき，コンデンサーに充電されると徐々に電圧が上昇していき，放電するときは徐々に電圧が下降していき，これを繰り返します。

　発声部のLMC555による発振器は，3.3kΩと10kΩの抵抗と0.015μFのコンデンサーの時定数により，約3.9kHzの周波数で発振をしていますが，発振部のLMC555の2番ピンに接続されている電解コンデンサー（10μF）が上昇していくときの電圧を発声部のLMC555の5番ピンのControl Voltageに加えると，電圧が上昇するにつれて発振周波数が低くなっていきます。3番ピンにはこの周波数が出力されますので，ここに圧電スピーカーを接続しますが，このスピーカーと直列に接続している1kΩの抵抗は圧電スピーカーの保護用です。

　また発振部の3番ピンは，2番ピンの鋸歯状波に同期した低い周波数の矩形波[※]が出力されていますので，これを発声部の4番ピンのCLRに加えると，ここが"H"のときだけ発振を継続し，"L"のときは停止していますので歯切れのよい音となります。LMC555のピン配置は基礎編[※]を参照してください。

　LMC555はいろいろな機能で動作させることができますが，本機はマルチバイブレーターとVCO機能を組み合わせたものです。このようにLMC555を使うと楽しい電子工作ができます。

※Voltage Control Oscillatorの略で，電圧で発振周波数が決まる発振器のこと。

※波形が高い電圧(H)と低い電圧(L)をくり返すもの。

※19ページ参照。

(2) 製　作

本製作に必要な部品を表3.1に示します。写真3.2と図3.1の実体配線図を参考にして，ブレッドボードの決められたポイントにLMC555を2個挿し込んでから，抵抗やコンデンサーを挿し込みます。そして電源線，次にグラウンド線※のジャンプワイヤーを挿し込みます。ジャンプワイヤーはすべて直線で配線しますので，いくつかは中継ポイントとして使用します。

発振部の電解コンデンサーの静電容量の値をいろいろ変えると，音の変化を確認できますので，試してみてください。このコンデンサーの静電容量の値と出力音と発振周期の関係を表3.2に示します。電源は，単3電池3本をスイッチ付き電池ボックスに入れて使用します。

圧電スピーカーと直列に接続している1kΩの抵抗は，圧電スピーカーの保護用で，LMC555の3番ピン（OUT）が"H"になりっぱなしに

※電池のマイナス側のこと。

表3.1　部品表

部　品　名	規　　格	数量
タイマーIC	LMC555	2
抵抗	10kΩ（1/4W）［茶黒橙金］	2
	4.7kΩ（1/4W）［黄紫赤金］	1
	3.3kΩ（1/4W）［橙橙赤金］	1
	1kΩ（1/4W）［茶黒赤金］	2
セラミックコンデンサー	0.1μF［104］	1
	0.015μF［153］	1
電解コンデンサー	100μF（16V）	1
	10μF（16V）	1
圧電スピーカー	PKM13EPYH4000-A0	1
ブレッドボード	サンハヤト SAD-101	1
配線材料 ジャンプワイヤー	サンハヤト ジャンプワイヤー・キット	一式
電池	単3型	3
電池ボックス	単3電池3本用　電源スイッチ付き	1

表3.2　コンデンサーの静電容量の値と出力音と発振周期の関係

コンデンサーの静電容量の値	出　力　音	発振周期
1μF	ビー	20ms
4.7μF	チュ・チュ・チュ・・・・	95ms
10μF	ピッ・ピッ・ピッ・・・・	214ms
22μF	ビョ・ビョ・ビョ・・・・	475ms
33μF	ピョー・ピョー・ピョー	688ms
47μF	ピーョ・ピーョ・ピーョ	1176ms
100μF	ピーーョ・ピーーョ・ピーーョ・・・	2200ms
330μF	ピーッ・ピーッ・ピーッ・・・	6800ms
470μF	ピーーー・ピーーー	9800ms

写真3.2　ブレッドボード上のようす

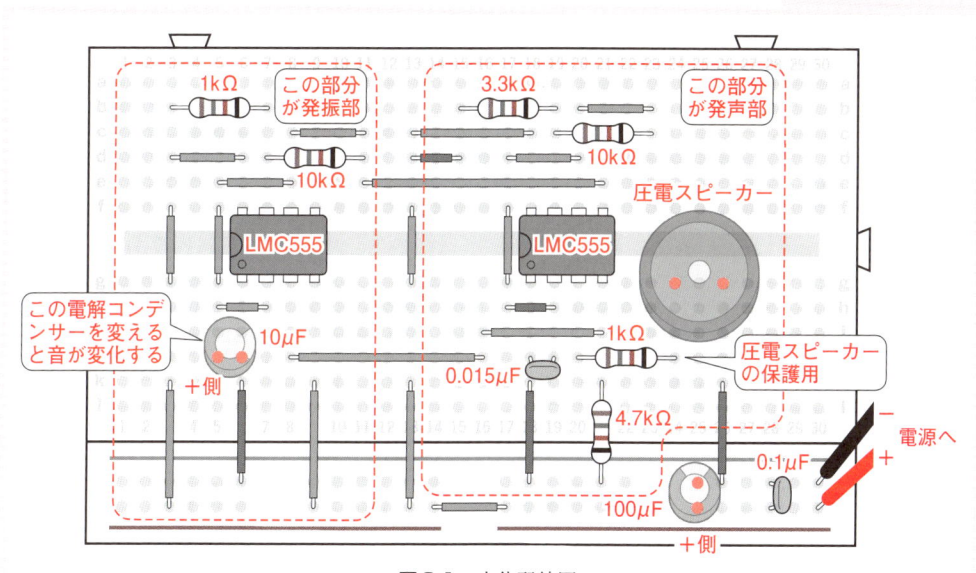

図3.1　実体配線図

なったときに圧電スピーカーに過大な電流が流れないよう，保護する役割を果たしています。

　圧電スピーカーは普通のスピーカーと比べ，音は小さく，また音域もせまいですが，小型に作ることができます。

4. やさしいメロディーを奏でる
電子オルゴール

　電子オルゴール（写真4.1）は機械的な部分はなく，すべて電子的にオルゴールメロディーを奏でるもので，ワンチップICの中に多くの曲が格納されています。ここで使用するICはUM3481シリーズの中のUM3485で，5曲が格納されたものです。オルゴールシリーズとして12曲格納されたUM3482や，クリスマスソングが8曲格納されたUM3481もあります。どのICも機能は同じで，格納された曲が異なるだけですので，好みのICを使用してください。各ICに格納されている曲名は表4.1のとおりです。

写真4.1　製作する電子オルゴール

表4.1 UM3481シリーズに格納されている曲名一覧

UM3481	UM3482	UM3485
Jingle Bells	American Patrol	The Hawaiian Wedding Song
Sant Claus is Coming To Town	Rabbits	Try To Remember
Silent Night, Holy Night	Oh My Darlig, Clementine	Aloha OE
Joy To The World	Butterfly	Love Story
Rudolph, The Red-nosed Reindeer	London Bridge is Falling Down	Yesterday
We Wish You A Merry Christmas	Row, Row, Row Your Boat	
O Come, All Ye Faithful	Are You Sleeping	
Hark, The Herald Angels Sing	Happy Birthday	
	Joy Symphony	
	Home Sweet Home	
	Weigenlied	
	Melody On Purple Bamboo	

(1) 回 路

　UM3481シリーズ（写真4.2）は，16ピンのDIP型で，電源電圧は1.3～5Vとなっていますが，ここでは単3電池1本で動作させています。このICのピン配置は基礎編※を参照してください。

※21ページ参照。

写真4.2　オルゴールメロディーIC UM3481シリーズ

　外付け部品は抵抗2個，電解コンデンサー2個，トランジスター1個，タクトスイッチ1個で構成しています。音量調整は付いていませんが，音が大き過ぎるときはスピーカーと直列に抵抗（100Ω～1kΩ）を接続するとよいでしょう。ICの出力は，トランジスターで増幅してスピーカーを駆動します。

　14番ピンと15番ピンに接続されている75kΩの抵抗の値を大きくすると演奏速度は遅くなり，小さくすると速くなります。2番ピン（CE※）は通常，電源（"H"）につないでおきますが，ここをGND（"L"）とすると動作が停止しますので，外部から動作させたり停止させたりするときは，この機能を使用することができます。

　また，3番ピンを電源に接続すると1曲だけ繰り返して再生し，GNDに接続するとすべての曲を繰り返して演奏します。4番ピンのスイッチを押すと次の曲へスキップし，これを電源に接続すると連続して全曲を

※Chip Enableの略で，ICの機能を動作させたり止めたりする端子のこと。

繰り返して演奏します．

また，5番ピンを電源に接続すると繰り返して演奏し，GNDに接続すると曲の終わりで自動的に停止しますが，停止は3番ピンの接続状態に依存します．つまり3番ピンが電源に接続されているときは1曲で自動停止し，GNDのときは最後の曲の終わりで自動停止します．

本機は3番ピンと5番ピンを電源に接続し，4番ピンをスイッチに接続していますので一つの曲を繰り返し演奏します．スイッチを押すと4番ピンは電源と接続され，次の曲を演奏します．使用目的により3，4，5番ピンを電源に接続するか，GNDに接続するかを決めてください．

(2) 製　作

本製作に必要な部品を表4.2に示します．ブレッドボード1枚に，すべての部品と電池を実装します．電池は電池ホルダーで収容していますが，この電池ホルダーはブレッドボードに直接挿し込めるリード線が付いています（写真4.3）．電源スイッチはサンハヤトのブレッドボード部品パックに含まれているスライドスイッチを取り付けていますが，ジャンプワイヤーの抜き挿しでスイッチに変えることもできます．

表4.2　部品表

部　品　名	規　　格	数量
オルゴールIC	UM3481シリーズ	1
トランジスター	2SC1815	1
抵抗	180kΩ（1/4W）［茶灰黄金］	1
	75kΩ（1/4W）［紫緑橙金］	1
セラミックコンデンサー	0.1μF［104］	1
電解コンデンサー	100μF（16V）	1
	33μF（16V）	1
	2.2μF（16V）	1
ブレッドボード	サンハヤトSAD-101	1
配線材料 ジャンプワイヤー	サンハヤト　ジャンプワイヤー・キット	一式
スピーカー	直径50mm 8Ω	1
押しボタンスイッチ	タクトスイッチ	1
電源スイッチ	サンハヤト　ブレッドボード部品パック	1
電池	単3型	1
電池ホルダー	単3電池1本用	1

写真4.3　単3電池1本用の電池ホルダー

写真4.4と図4.1の実体配線図を参考にして，部品とジャンプワイヤーを挿し込んで配線します。電源を入れる前にもう一度，部品の位置やジャンプワイヤーの配線に間違いがないかよく確認してください。配線に間違いがなければ，電源を入れるとスピーカーから曲が聞こえます。もし何も音が出ないときは，すぐに電源を切って，再度部品やジャンプワイヤーに間違えがないか，配線を確認してください。

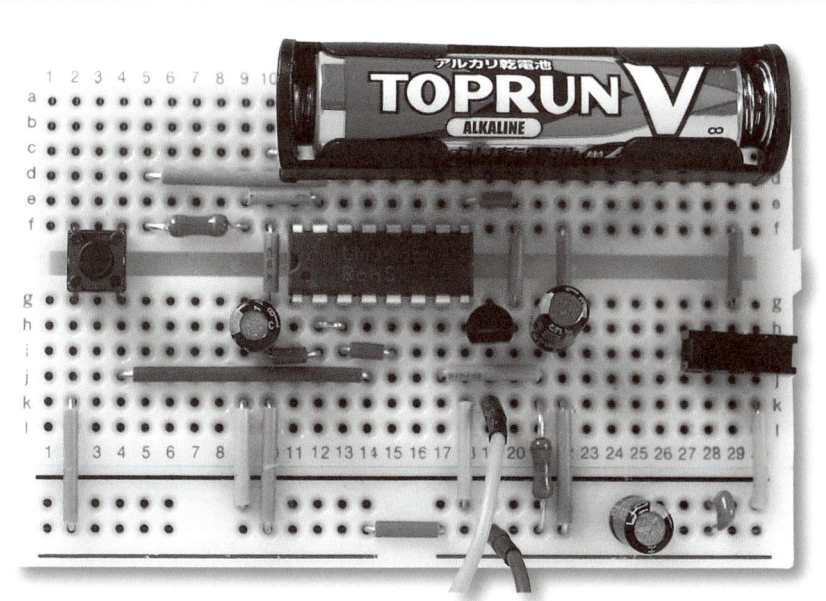

写真4.4 ブレッドボード上のようす

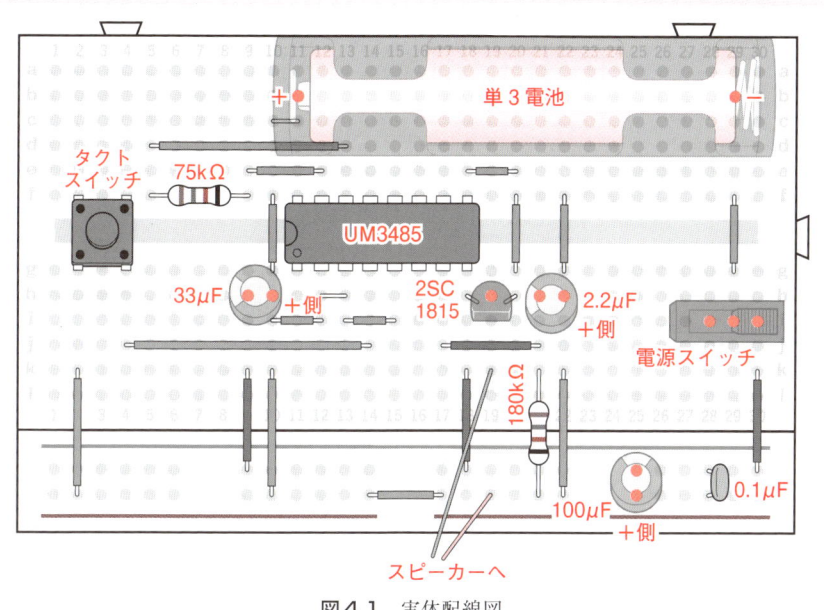

図4.1 実体配線図

4. やさしいメロディーを奏でる 電子オルゴール

製作編

45

5. 設定温度になるとブザーで知らせる
温度アラーム

　温度センサーがあらかじめ設定した温度になると，電子ブザーが鳴動する温度アラームを製作します（写真5.1）。ここで使用する温度センサーは3端子型のLM61BIZで，－30～＋100℃までの広範囲の温度を精度よく測定することができ，また低価格で入手することができます。

　このセンサーの出力はアナログの直流信号として出力されています。温度と出力電圧の関係は直線的に変化しますので，出力電圧をテスターの電圧計で測定し，その値を計算することで温度を求めることもできます。

写真5.1　ストーブ近くの壁に取り付けた温度アラーム

(1) 回　路

　温度センサーのLM61BIZは電源，GND，そして出力の3端子型で汎用トランジスターの2SC1815などと同じ形のTO-92型のパッケージです。電源電圧は+2.7〜10Vと広範囲で，消費電力も少なく自己発熱がとても少なくなっています。LM61BIZのピン配置は，基礎編※を参照してください。

　温度（T）と出力電圧（V_o）の関係式は，次のとおりで+600mVのオフセットが加わり，1℃に対して10〔mV〕の変化量となっています。

　　$V_o = 10〔mV〕× T〔℃〕+ 600〔mV〕$

　つまり，0℃のときに+600mVのオフセット※が掛かっているので600mVの出力となります。このため，マイナスの温度もプラスの出力として取り扱うことができ，単一電源※で読み取れるようになっています。

　主な温度と出力電圧の関係を表5.1に示します。この表からわかるように，出力電圧〔mV〕から600を引いて，10で割った値が温度となりますが，本機は数値を読み込むのが目的ではなく，設定した温度になるとコンパレーター※の出力が反転する機能として使用しています。

表5.1　LM61BIZの温度と出力電圧の関係

温度〔℃〕	出力電圧〔mV〕
+100	1600
+85	1450
+25	850
0	600
-25	350
-30	300

　本機では，温度センサーLM61BIZの出力電圧をコンパレーターのLM339Nの5番ピンに入力し，4番ピンは10kΩの抵抗と10kΩのボリュームで電源電圧を分圧※して，比較のための基準電圧の入力としています。

　基準電圧より温度センサーの出力電圧が高くなると，コンパレーターの2番ピンは"L"から"H"へ変化しますので，この出力でトランジスターが"オン"となって電子ブザーに電流が流れ，アラーム音が鳴動します。LM339Nのピン配置は，基礎編※を参照してください。

　本機は，設定した温度よりセンサーの温度が上がるとアラーム音が鳴動する方式ですが，コンパレーターの入力を逆にすると温度が下がるとアラーム音が鳴動するようになります。つまり，基準電圧を5番ピンに，温度センサーの出力を4番ピンに接続します。利用目的により，ジャンプワイヤーを挿し替えることで簡単に変更できます。LM61BIZの出

※23ページ参照。

※あらかじめずらした電圧が加えられていること。

※プラス，マイナスの二つの電源を使わず，一つの電源のみ使用する方式のこと。

※電圧比較器のこと。

※電圧を分割すること。

※20ページ参照。

※Analog to Digitalの略で，アナログ電圧をデジタル値へ変換すること。

力電圧をA/D変換※して，アナログの電圧からデジタルへ変換後，7セグメント表示器に表示するとデジタル温度計となります。

(2) 製　作

本製作に必要な部品を表5.2に示します。LM61BIZの出力端子とGND間に挿入する0.1μFのセラミックコンデンサーは，ノイズ対策のものなので取り付けなくても動作しますが，ここでは念のため取り付けています。

表5.2　部品表

部　品　名	規　格	数量
温度センサー	LMC61BIZ	1
コンパレーターIC	LM339N	1
トランジスター	2SC1815	1
ボリューム	10kΩ 多回転半固定　縦型	1
抵抗	10kΩ (1/4W)［茶黒橙金］	1
	4.7kΩ (1/4W)［黄紫赤金］	2
セラミックコンデンサー	0.1μF［104］	2
電解コンデンサー	100μF (16V)	1
電子ブザー	PB04-SE12SHPR	1
ブレッドボード	サンハヤト SAD-101	1
配線材料 ジャンプワイヤー	サンハヤト ジャンプワイヤー・キット	一式
電池	単3型	3
電池ボックス	単3電池3本用　電源スイッチ付き	1

部品やジャンプワイヤーの挿し込み位置は，写真5.2と図5.1の実体配線図を参考にしてください。電源を接続する前に部品の位置や配線に間違いがないか，よく確認してください。

テスターを持っている方は，電源を入れてからテスターを直流電圧計にセットし，LM339の4番ピンの基準電圧を室内温度より少し高めに設定します。LM61BIZを指先で温めると，LM61BIZの出力電圧が徐々に上昇し，基準電圧を超えたときに電子ブザーが鳴動すれば正常に動作していることになります。

何℃になったらアラームを鳴動させるかの設定は，

$V_o = 10\,[\mathrm{mV}] \times T\,[\mathrm{℃}] + 600\,[\mathrm{mV}]$

の関係式のTに温度を代入してVoを求め，コンパレーターの4番ピンの電圧をテスターで測定し，その値と基準電圧が等しくなるよう10kΩのボリュームを調整します。

たとえば30℃でアラーム音を鳴動させたいときは，900mVの基準電圧となります。電源電圧が変動すると基準電圧が変化しますので，電源として電池を使用すると，消耗したとき電圧低下が起こりますので，

写真5.2 ブレッドボード上のようす

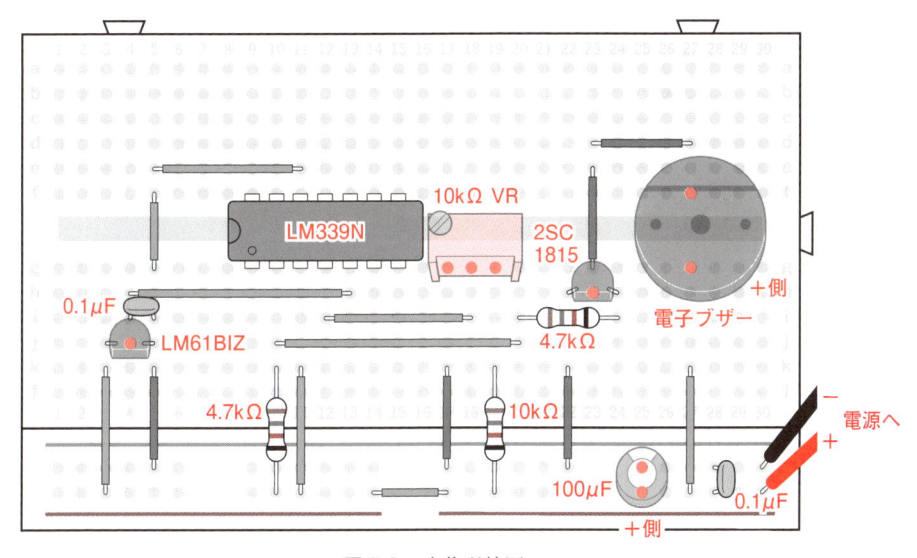

図5.1 実体配線図

　ACアダプターのような一定の電圧のものを使用するとよいでしょう。
　コンパレーターの4番ピンと5番ピンを挿し替えて，温度が下がるとアラーム音が鳴動するものも試してみてください。本機は室温や温室の温度管理として，温度の上げ過ぎや冷房のかけ過ぎを監視するアラームとしても利用できますので，省エネ対策のグッズとしてみてはいかがでしょうか。
　また，電子ブザーの代わりにLEDやリレーなどに回路を置き替えるといろいろな用途に使えます。置き替えるときは，後述の第7章「人間検出機」を参照してください。

6. 洗濯物を雨から守る
降雨感知機

　テレビや読書に夢中になっていて，急に雨が降り出したことに気が付かず，洗濯物や布団を濡らしてしまった経験はありませんか。こんなときに便利な雨が降ってきたらお知らせする「降雨感知機」を製作します。水は，わずかですが電気を通しますので，この性質を利用して降雨センサーに雨滴が当たるとアラーム音が発生するという仕掛けです（写真6.1）。

　ここではブレッドボードをユニークな使い方をしています。それは，ブレッドボードの裏側の金属部分を降雨センサーとして使用していることです。

写真6.1　ウッドデッキに設置した降雨センサー

(1) 回路

　降雨センサーが濡れていないとき，抵抗の値は無限大ですからトランジスターは"オフ"のままですが，雨滴が当たると抵抗の値が下がり，トランジスターは"オン"となって検出部のLMC555の2番ピンのTRIGGERに入力されます。このLMC555は，ワンショット・マルチバイブレーターとして動作します。ワンショット・マルチバイブレーターとは，トリガー信号により抵抗とコンデンサーの時定数により，一定の時間"H"のパルスを発生するものです。

　2番ピン（TRIGGER）が"L"となると1.5MΩと100μFの時定数で約102秒間，3番ピンが"H"となり，この間，電子ブザーが断続的に鳴動します。抵抗やコンデンサーの値を大きくすると出力時間は長くなり，小さくすると出力時間は短くなりますので，電子ブザーが断続的に鳴っている時間を調整できますので，好みに合わせて変えてみてください。LMC555のピン配置は基礎編※を参照してください。

※19ページ参照。

　抵抗の値を1.5MΩのまま，コンデンサーの値を220μF，100μF，47μF，22μFに変えたときの出力時間を表6.1に示します。また，コンデンサーの値を100μFのまま，抵抗の値を2MΩ，1.5MΩ，470kΩ，100kΩに変えたときの出力時間を表6.2に示します。これらはいずれも実測値ですが，抵抗やコンデンサーの値にはバラツキがありますので，多少の誤差が発生します。

表6.1　コンデンサーの値を変えたときの出力時間

抵抗の値	コンデンサーの値	出力時間
1.5MΩ	220μF	221秒
	100μF	102秒
	47μF	62秒
	22μF	24秒

表6.2　抵抗の値を変えたときの出力時間

コンデンサーの値	抵抗の値	出力時間
100μF	2MΩ	134秒
	1.5MΩ	102秒
	470kΩ	32秒
	100kΩ	7秒

　検出部からの"H"出力は，アラーム発生部の4番ピンのRESETに加えられます。

　このリセットの働きは"L"となると発振動作が停止し，"H"になると発振を開始するという機能を利用して，雨が降っていないとき（降雨センサーが濡れていない状態）は発振を停止し，降雨センサーが濡れる

と発振を開始するものです。

　3番ピンから約2Hzの信号が出力し，ここが"H"のとき電子ブザーが鳴動することになります。電子ブザーは内部に発振機能があり，電源を加えるだけで発振音が鳴動するものです。

(2) 製　作

　本製作に必要な部品を表6.3に示します。ブレッドボードはサンハヤトのSAD-101を2枚使用します。1枚は降雨センサーに，もう1枚には降雨検知機の回路を実装します。

表6.3　部品表

部　品　名	規　格	数量
タイマーIC	LMC555	2
トランジスター	2SC1815	1
抵抗	1.5MΩ（1/4W）［茶緑緑金］	1
	10kΩ（1/4W）［茶黒橙金］	3
	4.7kΩ（1/4W）［黄紫赤金］	2
セラミックコンデンサー	0.1μF［104］	1
電解コンデンサー	100μF（16V）	2
	22μF（16V）	1
電子ブザー	PB04-SE12SHPR	1
ブレッドボード	サンハヤト SAD-101	2
配線材料 ジャンプワイヤー	サンハヤト ジャンプワイヤー・キット	一式
センサーとの接続線	2芯　インターホン用	必要長
電池	単3型	3
電池ボックス	単3電池3本用　電源スイッチ付き	1

　降雨検知機の組み立ては，写真6.2と図6.1の実体配線図を参考にして，部品とジャンプワイヤーを間違えないように挿し込んでください。

　降雨センサーは，ブレッドボードの裏側の櫛目状（くしめじょう）の金属部分を使用します。ブレッドボードの縦列のポイントはすべて接続されていて，横列のポイントはすべて絶縁されています。この性質を利用して降雨センサーとしますが，7個のジャンプワイヤーを使用して縦列を一つ飛ばして接続します。中央の分離帯の上下いずれも同じように接続し，最後に上下を接続すると，ブレッドボードの裏面の櫛目状の金属部分が一つおきに接続された状態となります。2ポイント幅のジャンプワイヤーを合計56本使用することになります。

　このようにすることによりセンサーの面積が拡がり，雨の降り始めに雨滴の当たる確率が高くなり，少しの雨でも効率よくこのセンサーで捉えることができるようになります。

　ただしブレッドボードの裏面は，透明な粘着テープが張られ絶縁状態

写真6.2 ブレッドボード上のようす（降雨検知機）

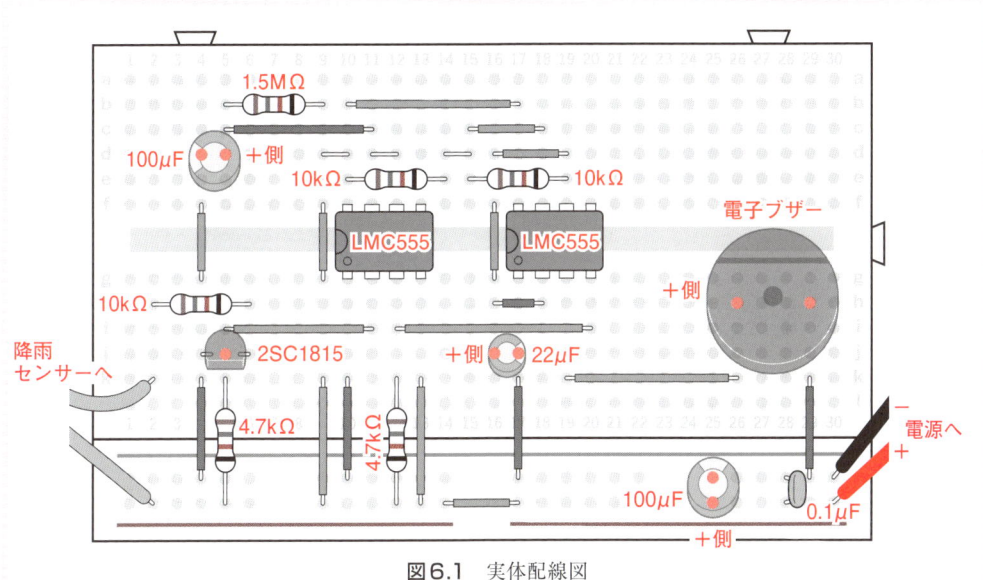

図6.1 実体配線図

となっていますので，この透明シールをカッターナイフで櫛目状の金属部分が露出するように剥がさないと降雨センサーとして機能しませんので，必ず剥ぎ取ってください。

　降雨センサーの裏面のようすを写真6.3に，ジャンプワイヤーによる配線のようすを写真6.4に示します。

　センサーは屋外に設置しますので，本体との接続は2芯のインターホン用の配線材料などで必要な長さで接続してください。完成したら動作確認をします。水で濡らした指でセンサーに触れると，電子ブザーから

透明シールを
剥ぎ取る

写真6.3　降雨センサーの裏面のようす

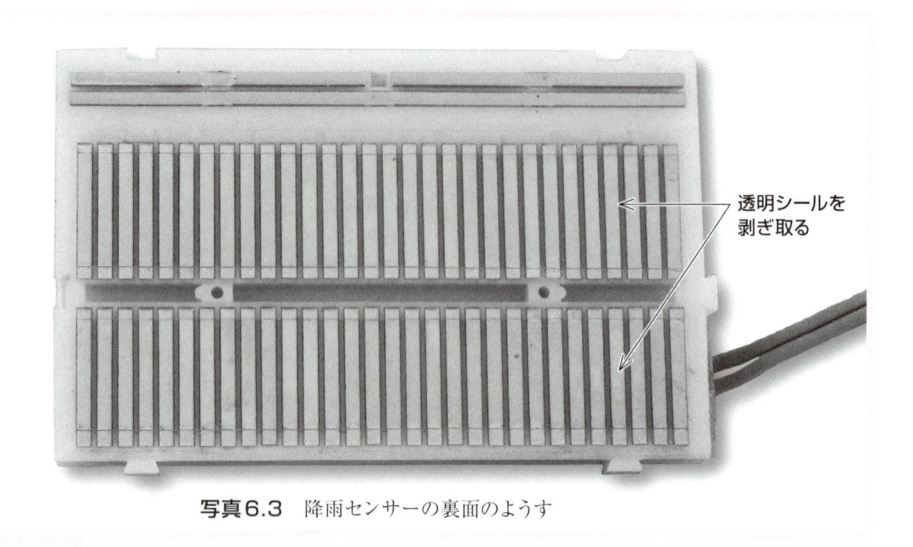

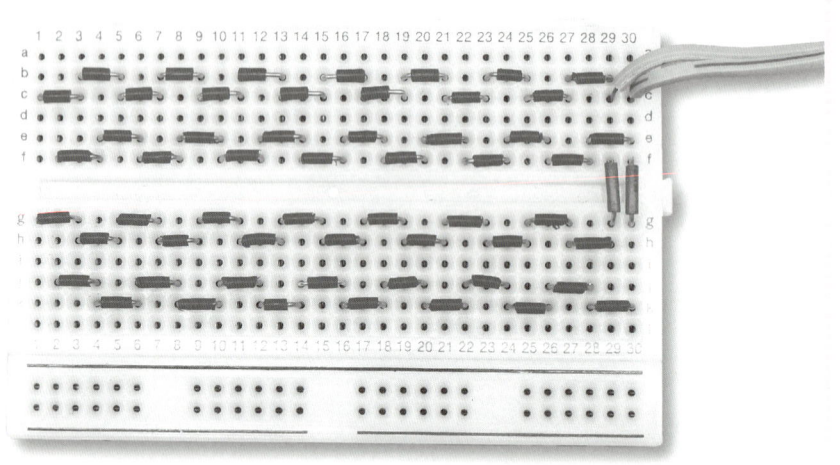

写真6.4　ブレッドボード表面のようす(降雨センサー)

　約0.5秒ごとに発振音が約102秒間鳴動すれば，正常に動作していることになります．もし正常に動作しないときは，配線に誤りがないか確認してください．アラーム音発生部の4番ピンのRESETを電源に接続して電子ブザーが約0.5秒間隔で鳴動すれば，この部分は正常に動作していることになります．

　検出部の確認は，470Ω程度の抵抗とLEDを用意し，3番ピンとGND間に抵抗とLEDを直列に接続してセンサーを濡らしたとき，LEDが約102秒間点灯すれば，センサーと検出部は正常に動作としていることになります．

　このように機能ごとに切り分けて動作確認をすることにより，部分ごとの状態を確認することができます．

　写真6.5に降雨検知機に降雨センサーを接続したようすを示します．

片方は電源
ポイントへ

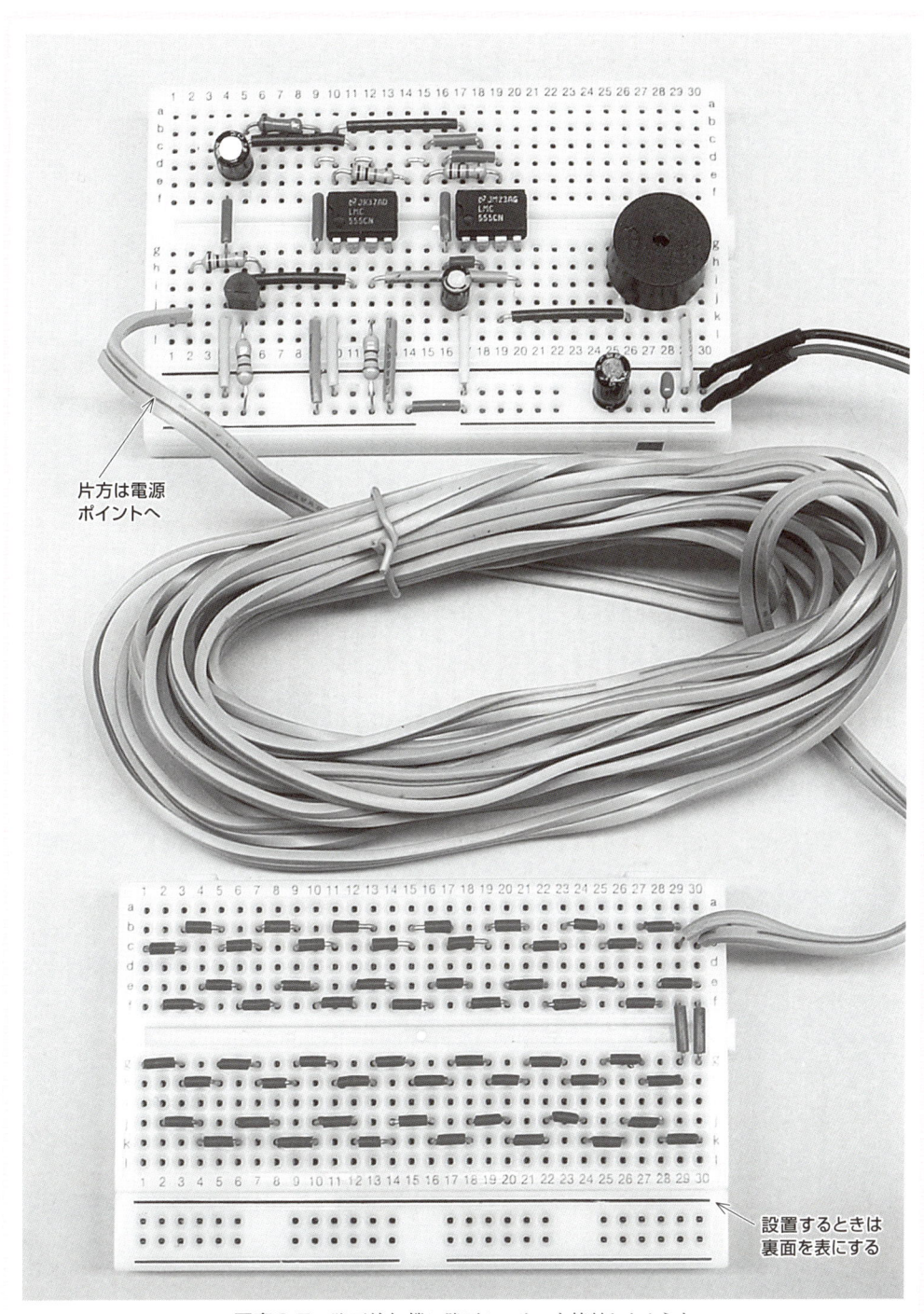

設置するときは
裏面を表にする

写真6.5 降雨検知機に降雨センサーを接続したようす

6. 洗濯物を雨から守る 降雨感知機

製作編

7. 人間検出機
人の発する赤外線(熱)を感知

※Passive Infra-Red の略。

人体の発する赤外線(熱)を検出して信号を発するPIR※センサーを使用した人間検出機を製作します(写真7.1)。

使用したPIRセンサーは，Parallax社の#555-28027 RevBで，検知範囲は4.5mと9mのいずれかをジャンパーピンで切り替えることができます。また，このセンサーは検知範囲の赤外線の状況を学習し，検知範囲の中に赤外線を発する物体が侵入すると赤外線量が急激に変化することを検出し，信号を出力するという優れものです。

本機はPIRセンサーの信号出力を検出すると，一定時間(30秒間)LEDを点灯させたり，リレーを動作させたりすることができます。

不審者の侵入などを検出して外部に信号を出力したり，明かりを点けたりすることへも拡張することができます。本機は明るいときは動作しない機能を含んでいます。

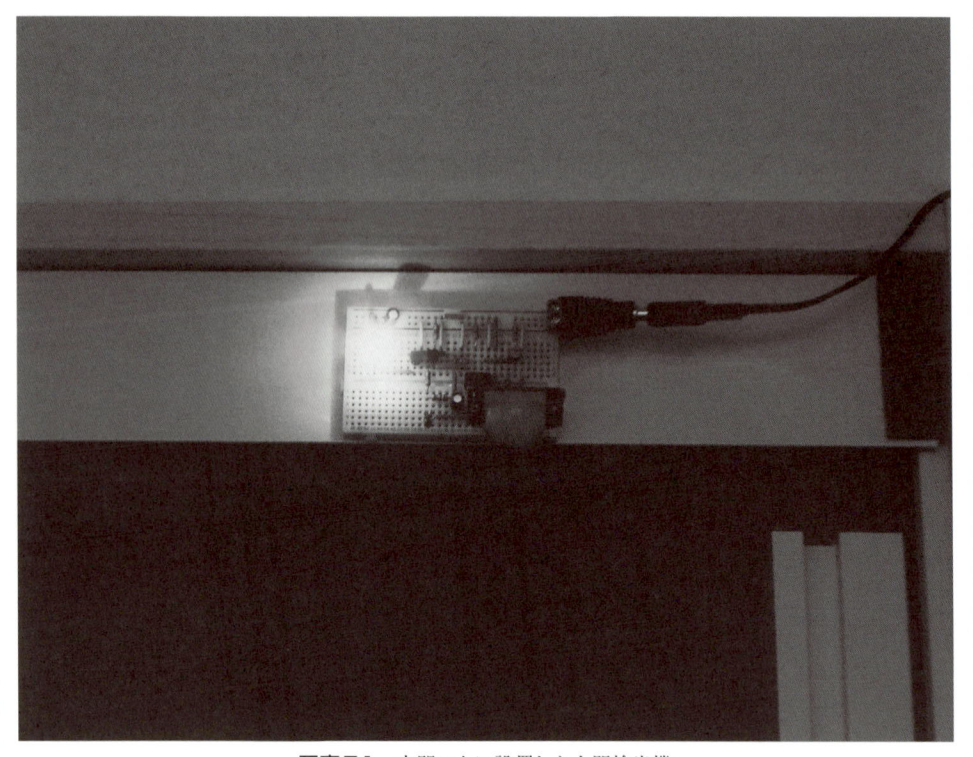

写真7.1 玄関の上に設置した人間検出機

(1) 回　路

　PIRセンサー(写真7.2)には電源，GND，出力の3端子があり，電源電圧は3～6V対応となっています。本機は常時電源を入れておくため，ACアダプターを使用して5Vを供給しています。

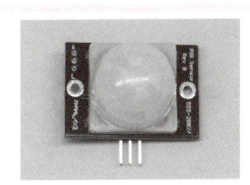

写真7.2　PIRセンサー#555-28027 RevBの外観

　赤外線の変化を検出すると，PIRセンサーの出力は"L"から"H"に変化しますが，これをトランジスター2SC1815で反転させて"L"とします。この信号を汎用タイマーのLMC555の2番ピンのTRIGGERに入力するとトリガーが掛かり，3番ピンのOUTPUTから一定の時間"H"のパルスが出力されます。トリガーは"H"から"L"へ変化するときに有効となります。

　LMC555はワンショット・マルチバイブレーターとして動作し，抵抗とコンデンサーの時定数により一定の時間の"H"の信号を出力します。本機は1.5MΩの抵抗と100μFの電解コンデンサーにより，約30秒間"H"を出し続けます。LMC555のピン配置は，基礎編※を参照してください。

※19ページ参照。

　抵抗の値を小さくしたり，コンデンサーの静電容量の値を小さくしたりすると出力時間は短くなり，逆に抵抗の値を大きくしたり，コンデンサーの静電容量の値を大きくしたりすると出力時間は長くなりますので，目的により調整してください。この信号によりトランジスタースイッチで白色LEDを点灯させます。

　LEDをリレーに置き換え，一定時間外部に接点信号を出力して外部の機器を動作させることもできます。リレーを写真7.3に，そのピン配置を図7.1に示します。なお昼間の明るいときは動作しないよう，フォトトランジスター(NJL7502L)で光の強さを検出し，LMC555の4番ピンのRESETに加えて，明るいときはRESETピンが"L"となり，センサーが反応してもLMC555は動作しないようにしています。

写真7.3　リレーの外観　　**図7.1**　リレーのピン配置

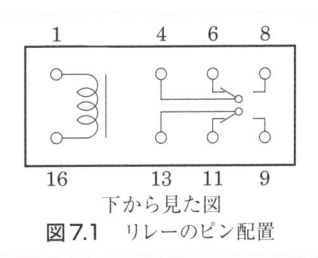

(2) 製　作

　本製作に必要な部品を表7.1に示します。赤外線の検出にブレッドボードが邪魔にならないよう，PIRセンサーはブレッドボードの端に挿し込みます。明るいときに動作しないようにする回路にはフォトトランジスターを使用していますが，この部品はエミッターとコレクターがあります。リード線が長いほうがコレクターで＋5Vに接続し，短いほうは100kΩの抵抗と接続します。またフォトトランジスターのリード線は切断しないで，そのままPIRセンサーの向きと同じ方向を向くよう，少し折り曲げて挿し込みます。

表7.1　部品表

部　品　名	規　格	数量
タイマーIC	LMC555	1
PIRセンサー	Parallax #555-28027 RevB	1
トランジスター	2SC1815	3
LED	5mm白色	1
フォトトランジスター	NJL7502L	1
抵抗	1.5MΩ（1/4W）［茶緑緑金］	1
	100kΩ（1/4W）［茶黒黄金］	1
	33kΩ（1/4W）［橙橙橙金］	1
	4.7kΩ（1/4W）［黄紫赤金］	5
	240Ω（1/4W）［赤黄茶金］	1
セラミックコンデンサー	0.1μF［104］	1
電解コンデンサー	100μF（16V）	2
ブレッドボード	サンハヤト SAD-101	1
配線材料 ジャンプワイヤー	サンハヤト ジャンプワイヤー・キット	一式
電源コネクター	2.1mm標準DCジャック　スクリュー端子台	1
ACアダプター	5V 1.2A	1

リレー使用の場合

リレー	941H-2C-5D(5V用) （HSINDA PRECISION）	1
シリコンダイオード	10A10	1

　完成したブレッドボードを写真7.4，実体配線図を図7.2に示しますので，部品とジャンプワイヤーを間違えないように挿し込んでください。これらのものは一定時間白色LEDを点灯させるものですが，白色LEDの代わりにリレーを動作させるものを写真7.5，実体配線図を図7.3に示します。リレーには巻線があるため動作時に逆起電力が発生し，この電圧によりトランジスターを破壊してしまうことがあるので，この逆起電力を吸収するダイオードをリレーの巻線と並列に接続します。このダイオードは，小電力用の整流用やスイッチングダイオードなどが使用できます。来客を知らせるときや，不審者検出などの目的で明るいとき

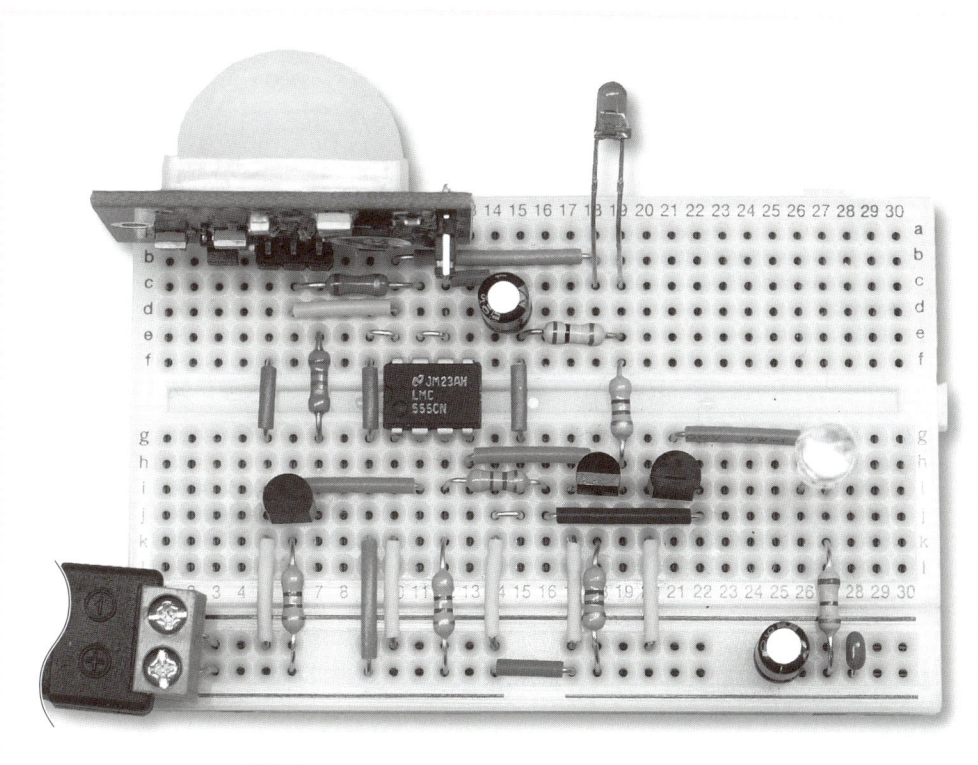

写真7.4 ブレッドボード上のようす（LEDを使用）

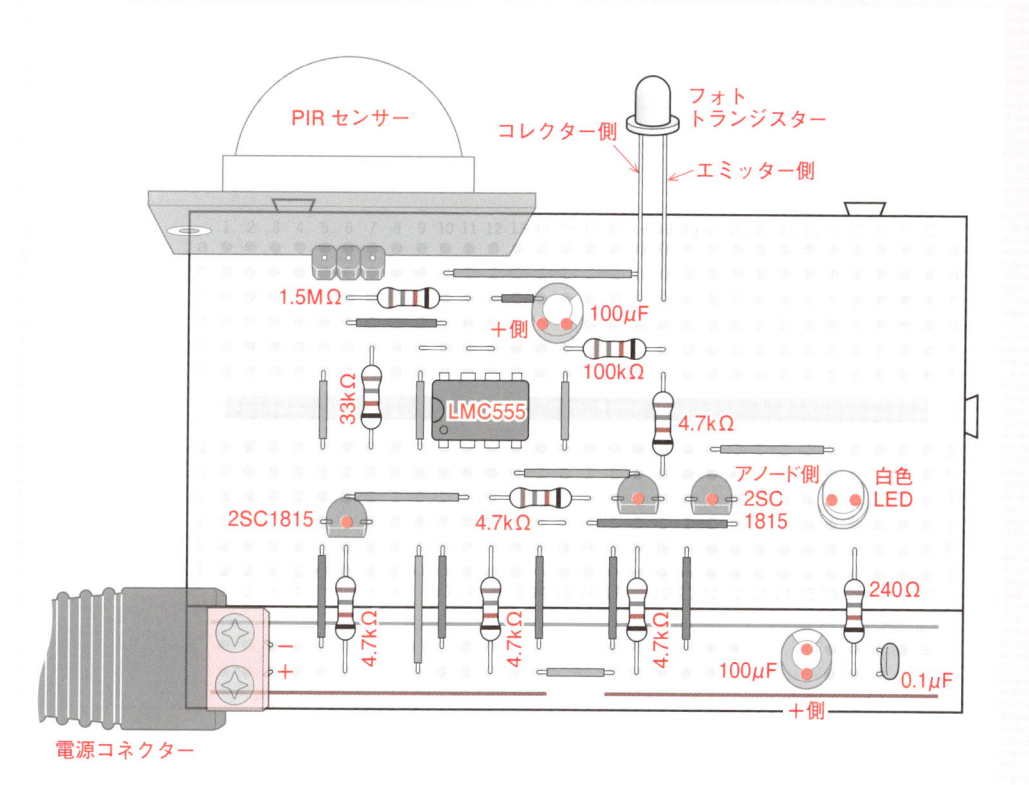

図7.2 実体配線図（LEDを使用）

写真7.5 ブレッドボード上のようす（リレーを使用）

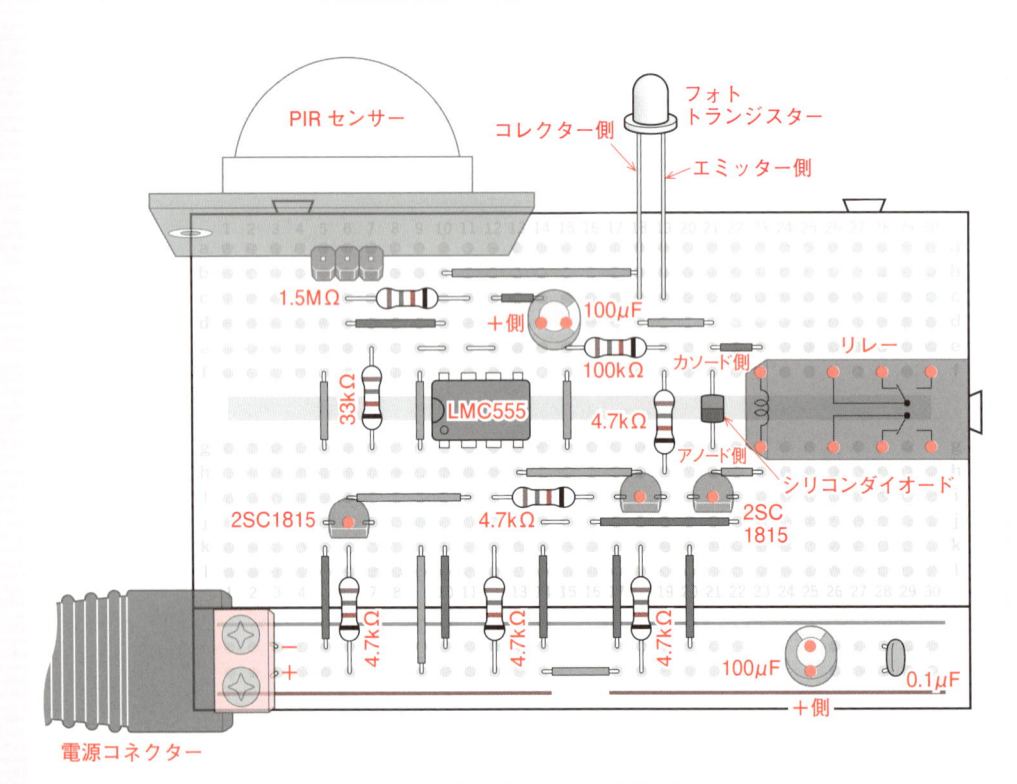

図7.3 実体配線図（リレーを使用）

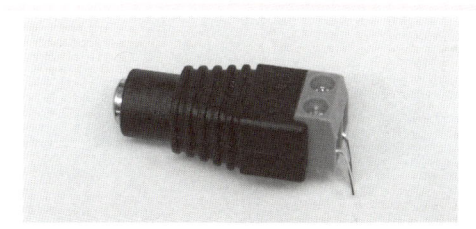

写真7.6 2.1mm標準DCジャックからスクリュー端子台へ変換するアダプター

でも動作させたいときは，フォトトランジスターの回路は外し，LMC555の4番ピンのRESETを＋5Vに接続し，LMC555はトリガー信号が来れば動作するようにしてください。

　部品の配置やジャンプワイヤーの配線は，写真や実体配線図を参考に挿し込んでください。また電源の接続は，ACアダプターのプラグが2.1mmのものですので，写真7.6のような2.1mm標準DCジャックからスクリュー端子台へ変換するものを使用しました。このスクリュー端子は，抵抗などのリード線の切れ端をネジで固定し，そのままブレッドボードに挿し込むことができます。

　電源を接続した後，PIRセンサーから離れ，その後PIRセンサーに近付くと白色LEDが点灯し，しばらくして消灯すれば正常に動作していることになります。LEDが点灯しないときは，電源を切って配線に間違いがないか確認してください。

　本機で使用した白色LEDは1個だけですが，240Ωの抵抗とLEDを直列に接続したものを5個くらい並列に接続することで，より明るくすることも可能です。

　本機を廊下や玄関などに設置し，夜間に人の動きを検出して照明をオンとすることや，チャイムと連動させて来客を知らせることなど，人間検出としていろいろな応用ができると思います。

8. 少しの揺れで音が出る
揺れ検知機

　日本国内で2000年から2014年の15年間に震度1以上の身体に感じる地震の発生回数は，なんと53133回も発生しています。極端に多い年もありますが，年に平均すると約3500回も発生し，単純に平均すると1日に10回程度はどこかで地震が発生していることになります。日本は世界でも有数の地震大国なのです。ここでは，揺れが発生するとアラームを発生する揺れ検知機を製作します（写真8.1）。

　揺れを検出する仕組みは原始的な振り子により接点をオンとするもので，機構的にはごく単純なものです。

写真8.1　製作する揺れ検知機

(1) 回　路

　アームに吊るした振り子が揺れると，その先端に取り付けた分銅がその周囲の導線に触れ，タイマーICのLM555にトリガーが掛かり，ワンショット・マルチバイブレーターで一定の時間，出力が"H"となり，この間，約0.5秒間隔で電子ブザーが鳴動する仕組みです。LMC555のピン配置は基礎編※を参照してください。

※19ページ参照。

　本機は検出部と報知部から構成されていて，両方ともタイマーICのLMC555で構成されています。検出部のLMC555の2番ピンのTRIGGERは，センサーリングにつながっています。センサーリングの中心には振り子の分銅があり，この分銅はGNDと接続されていて，揺れが発生すると分銅はこのセンサー線に触れ，LMC555の2番ピンのTRIGGERは"L"となり，トリガーが掛かります。トリガーが掛かると，1.5MΩと10μFの時定数で3番ピンの出力が一定時間"H"となります。この時定数で約20秒間，"H"となります。

　抵抗の値を大きくしたり，10μFのコンデンサーの静電容量の値を大きくしたりすると出力時間は長くなり，値を小さくすると出力時間は短くなります。

　報知部のLMC555は無安定マルチバイブレーターとして動作します。2本の10kΩの抵抗と22μFのコンデンサーの時定数で，約2Hzを発振します。揺れが発生していないと，検出部の出力は"L"となっているので，これが報知部の4番ピン（RESET）に接続されているためリセット状態となります。発振は停止していますが，揺れを検出すると4番ピンのRESETは"H"となるので，約20秒間2Hzの発振が継続します。

　電子ブザーは，内部に発振機が組み込まれていて，報知部の3番ピンの出力が"H"のときに「ピー」の発振音で鳴動します。約20秒経過すると，検出部の出力は"L"となって報知部にリセットが掛かり，報知音は停止します。

(2) 製　作

　本製作に必要な部品を表8.1に示します。配線は写真8.2と図8.1の実体配線図を参考にして，抵抗，コンデンサー，LMC555をブレッドボードに挿し込み，その後ジャンプワイヤーで配線します。電子ブザーへの配線は1インチより長いため，2インチのものを少し短く加工します。

　分銅と接触するセンサーリングは，0.5～0.8mmのスズメッキ線を直径15mmの円筒状のもの（マジックペンなど）に2回巻き付け，図8.2のように1.5回巻きとして，ブレッドボードに挿し込むための足を18mmに切断します。

表8.1　部品表

部　品　名	規　格	数量
タイマーIC	LMC555	2
抵抗	1.5MΩ（1/4W）［茶緑緑金］	1
	10kΩ（1/4W）［茶黒橙金］	2
	4.7kΩ（1/4W）［黄紫赤金］	2
セラミックコンデンサー	0.1μF［104］	1
電解コンデンサー	100μF（16V）	1
	22μF（16V）	1
	10μF（16V）	1
電子ブザー	PKB24SPCH3601 直径24mm	1
ブレッドボード	サンハヤト SAD-101	1
配線材料 ジャンプワイヤー	サンハヤト ジャンプワイヤー・キット	一式
振り子	釣り用の錘（ナス型オモリ7号）	直径14mm
振り子アーム	木材	一式
センサーリング	0.8mm スズメッキ線　直径16mm 1.5回巻き	110mm
分銅接続線	細いより線	500mm
電源コネクター	2.1mm 標準DCジャック　スクリュー端子台	1
AC電源アダプター	5V 1.2A	1

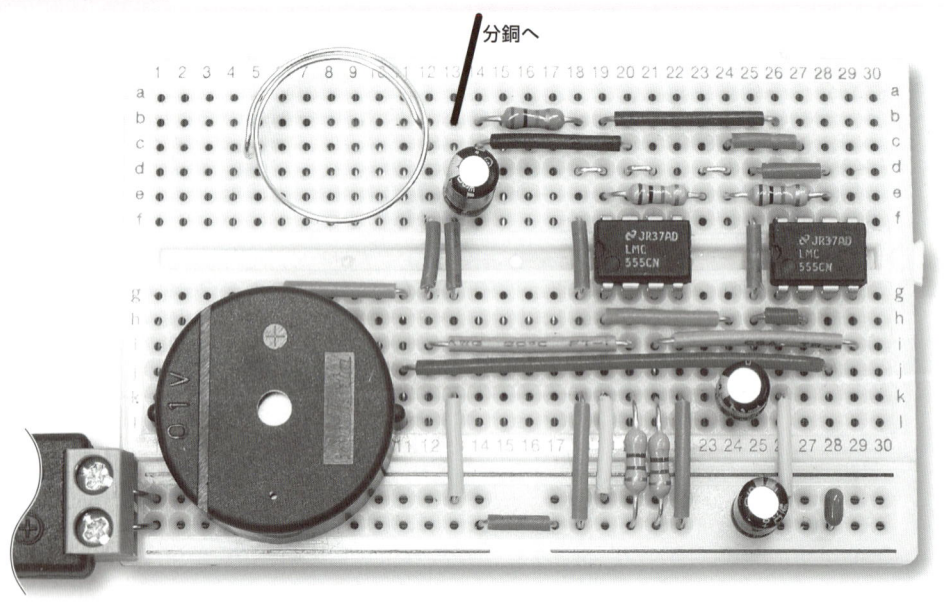

写真8.2　ブレッドボード上のようす

　分銅の直径が14mmのものを使うとセンサーリングとの間隔は1mmになります。この間隔が狭いほど，小さな揺れを検知することができます。分銅は釣り用の錘※で，釣り糸を接続するフックが付いているものを使いました。ここに長さ500mmの細いより線の被覆を10mmほど取り去り，しっかりと捻って接続します。

※釣具店などで「ナス型オモリ」として販売されています。7号くらいがよいでしょう。

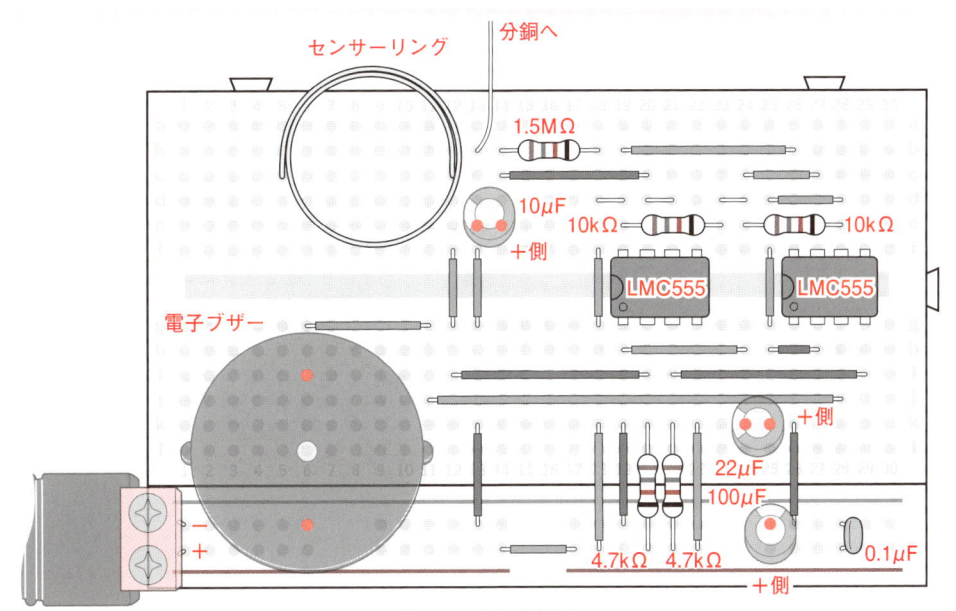

図8.1　実体配線図

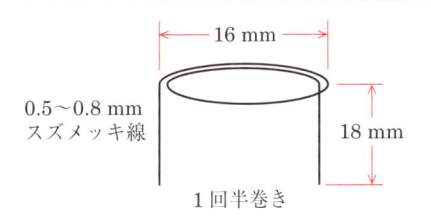

図8.2　センサーリングの構造

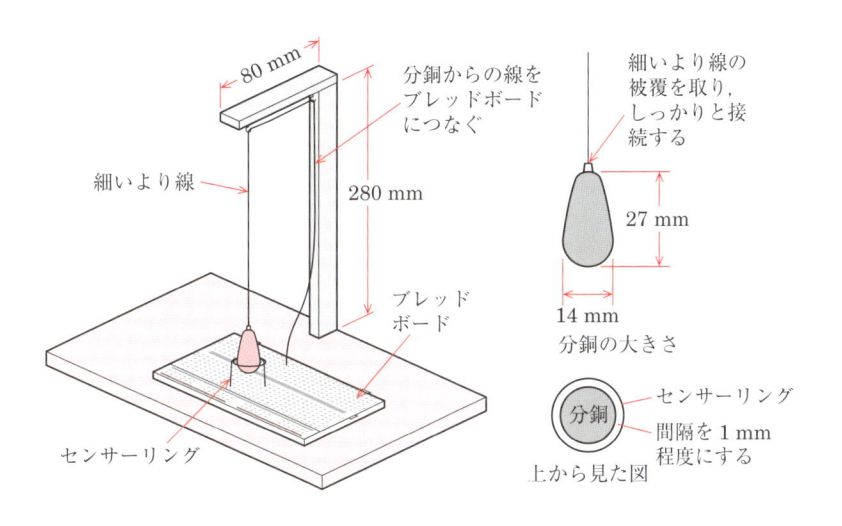

図8.3　分銅を吊るすアームの構造

分銅は振り子のように動作するよう，図8.3に示すアームを木材で作りました。ここに分銅に接続した細線をぶら下げて，ブレッドボードのGNDポイントに挿し込みます。接続する細線は，なるべく細くて柔らかいより線を使用してください。

本機は常時動作させておくことを前提としていますので，電池の消耗を考慮して電源はACアダプターを使用します。ACアダプターは，5V/1A程度のもので，一般的なものは出力端子として内径2.1mmのプラグが付いていますが，このままではブレッドボードに対応しませんので，DC電源ジャックからスクリュー端子台へ変換するアダプター※を使用しています。また，警報音がなるべく大きく聞こえるよう，電子ブザーは口径が24mmの大きめなものを使用しています。

※61ページの写真7.6参照。

・調整

ブレッドボードの裏面に両面テープを張って台に固定します。センサーリングに分銅が接触しないよう，慎重にブレッドボードの設置位置を調整します。電源を入れ，台を揺さぶって分銅がセンサーリングに触れるとアラーム音が断続して鳴り，約20秒で停止することを確認してください。そのまま机や床に置くと動いてしまうので，滑り止めシート（写真8.3）を敷いて固定するとよいでしょう。このシートは地震のとき物の落下防止としても効果があるもので，100円ショップなどで購入することができます。

写真8.3 使用した滑り止めシート

コラム ： 地震の震度階級

日本の地震の震度階級は下表のとおり，10階級に区分されています。震度観測は1996年3月までは気象官署の人による体感で震度を決めていましたが，これ以降は計測震度計により自動的に観測するようになりました。地方自治体にも計測震度計が整備されたことから，現在では4000を超える観測点があり，地震が発生すると数分後には各地の震度がテレビ画面に表示されるようになっています。

なお，アメリカなどで使用されている震度階級はMMI（Modified Mercalli Intensity scale）というもので，これには12階級があり，一番強い12は，「絶望的」，「あらゆるものが崩壊する」と定義されています。

地震の震度階級（気象庁ホームページから）

震度階級	人の体感・行動
0	人は揺れを感じないが，地震計には記録される。
1	屋内で静かにしている人の中には，揺れをわずかに感じる人がいる。
2	屋内で静かにしている人の大半が，揺れを感じる。眠っている人の中には目を覚ます人もいる。
3	屋内でにいる人のほとんどが，揺れを感じる。歩いている人の中には，揺れを感じる人もいる。眠っている人の大半が，目を覚ます。
4	ほとんどの人は驚く。歩いている人のほとんどが，揺れを感じる。眠っている人のほとんどが目を覚ます。
5弱	大半の人が恐怖を覚え，物につかまりたいと感じる。
5強	大半の人が，物につかまらないと歩くことが難しいなど，行動に支障を感じる。
6弱	立っていることが困難になる。
6強 7	立っていることができず，はわないと動くことができない。揺れにほんろうされ，動くこともできず，とばされることもある。

9. FMトランスミッターによるモールス練習機
モールス符号を覚えよう

　モールス通信は，無線通信の元祖と言われるほど古くから使用されてきましたが，昨今の通信技術の進展によりプロの通信の世界ではほとんどその姿を消してしまいました。

　しかし，アマチュア無線の世界ではまだまだ立派な通信手段として健在で，今でも7MHz帯や14MHz帯などのほとんどの短波帯で盛んにモールス通信が行われています。そこで，少しでも無線通信の雰囲気を出すために微弱なFMの電波でモールス符号の練習機を製作します（写真9.1）。受信にはFM放送用のラジオを使用します。

写真9.1　製作するモールス練習機

(1) 回路

　トランジスターで直接70MHz帯の周波数を発振させます。本機に採用した発振方式をベース接地型コルピッツ発振器といい，コイルとコンデンサーの共振回路による簡単なもので高い周波数を発振することができることから，簡単なFMワイヤレスマイクの製作などでよく使われています。

　発振周波数は，同調回路のコイルの巻数とコンデンサーの静電容量の値で決まります。この発振器にFM変調を掛けることになりますが，FM変調にはいろいろな方式があり，本機では一番簡単な可変容量ダイオード[※]によってFM変調を掛けています。この可変容量ダイオードは，電圧を加えるとわずかに静電容量が変化します。

※バリキャップのこと。

　モールス符号の元となる約1kHzの発振器の信号電圧の大小により可変容量ダイオードの静電容量を変化させると，これに伴って発振回路の同調周波数がわずかに変わることにより，FM電波となります。可変容量ダイオードは1T33（写真9.2）を使用します。

写真9.2 可変容量ダイオード　1T33（本体の大きさは3mm程度）

　1kHzの発振器は，汎用タイマーICのLMC555を無安定マルチバイブレーターとして使用しています。もともと発振器の出力は矩形波（"H"と"L"の繰り返し）で，この"H"と"L"の比率を50％（デューティー比）とするための回路としており，7番ピンから出力信号を取り出します。この信号は矩形波であるので，このまま可変容量ダイオードへ加えると，ひずみの発生の原因となりますので，なるべく正弦波[※]に近くするため，抵抗とコンデンサーによる簡単なフィルター回路を通しています。このフィルター回路の出力は三角波のようになりますが，矩形波に比べるとより正弦波に近づいています。

※サインウェーブのこと。

　モールス符号は信号の断続の組み合わせで文字を送るものですから，発振器をオン・オフする必要があります。このためトランジスターのベースに電鍵（キー）に相当するスイッチを付け，このスイッチを押すとトランジスターがオフとなり，LMC555の5番ピンのRESETが"H"となって発振を開始し，スイッチを離すとトランジスターはオンとなり，RESETピンは"L"となって発振が停止します。

　アマチュア無線などで使用されているモールス通信は電波の断続ですが，本機の電波は常時出ていて，約1kHzの信号の断続となります。LMC555のピン配置は基礎編[※]を参照してください。

※19ページ参照。

(2) 製　作

　本製作に必要な部品を表9.1に示します。最初にコイルの製作をします。直径0.6mmのスズメッキ線を200mmほど用意し，直径6mmのコイルを製作します。巻き付ける芯となるものには，ドリルの刃や丸い箸などが利用できます。これにしっかりと10回ほど巻き付けて，中心部分の6回巻を使用します。写真9.3はドリルの刃を利用してコイルを巻く例で，コイルは図9.1のように加工します。

　本機にはアンテナは取り付けていませんが，コイルのトランジスターのコレクター側から1.5回目のところに凸型のタップを作っています。

表9.1　部品表

部　品　名	規　　格	数量
タイマーIC	LMC555	1
トランジスター	2SC1815	2
可変容量ダイオード	1T33	1
抵抗	100kΩ（1/4W）［茶黒黄金］	1
	33kΩ（1/4W）［橙橙橙金］	1
	10kΩ（1/4W）［茶黒橙金］	2
	4.7kΩ（1/4W）［黄紫赤金］	5
	2.2kΩ（1/4W）［赤赤赤金］	1
	1kΩ（1/4W）［茶黒赤金］	1
セラミックコンデンサー	0.1μF［104］	2
	0.022μF［223］	1
	0.01μF［103］	3
	10pF	2
	3pF	1
電解コンデンサー	100μF（16V）	1
スイッチ	タクトスイッチ	1
ブレッドボード	サンハヤト SAD-101	2
配線材料 ジャンプワイヤー	サンハヤト ジャンプワイヤー・キット	一式
スズメッキ線	線の太さ　0.6mm　コイル用	200mm
電池	単3型	3
電池ボックス	単3電池3本用　電源スイッチ付き	1

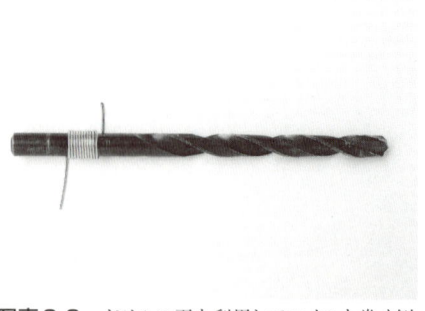

写真9.3　ドリルの刃を利用してコイルを巻く例

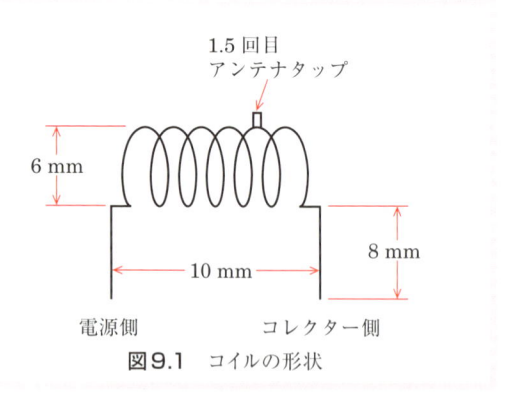

図9.1　コイルの形状

アンテナを取り付けるときは，ジャンプワイヤー・キットのミノムシクリップ付きのものをここに接続するとよいでしょう。トランジスターやコイルの周りの部品や配線が混雑していますので，間違えないよう注意してください。なお可変容量ダイオードには極性がありますので，図9.2のようにマークが付いているほう（カソード側）を電源側に接続します。

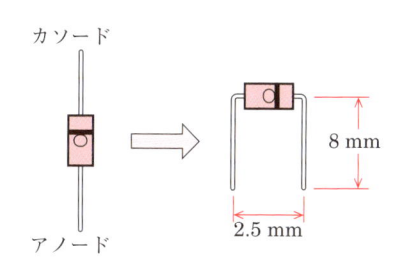

図9.2 可変容量ダイオードのピン配置とリード線の加工

コラム ： モールス通信に使用するモールス符号

欧文のA～Z，数字のモールス符号を下表に示します。この表を参考にしてモールス通信を体験してみてください。

モールス符号表（欧文と数字）

文字	符号	文字	符号
A	・－	N	－・
B	－・・・	O	－－－
C	－・－・	P	・－－・
D	－・・	Q	－－・－
E	・	R	・－・
F	・・－・	S	・・・
G	－－・	T	－
H	・・・・	U	・・－
I	・・	V	・・・－
J	・－－－	W	・－－
K	－・－	X	－・・－
L	・－・・	Y	－・－－
M	－－	Z	－－・・

数字	符号	数字	符号
1	・－－－－	6	－・・・・
2	・・－－－	7	－－・・・
3	・・・－－	8	－－－・・
4	・・・・－	9	－－－－・
5	・・・・・	0	－－－－－

9. モールス符号を覚えよう FMトランスミッターによるモールス練習機

製作編

部品の配置やジャンプワイヤーの配線は，写真9.4と図9.3の実体配線図を参考にしてください。また，コイル部分を拡大したものを写真9.5に示します。電源はスイッチ付き電池ボックスに単3電池3本を使用しています。

　1kHzの発振部分の配線が終わったら，もう一度実体配線図と比較して間違いないことを確認した後，電源を接続してスイッチを押すと1kHzで変調されたFMの電波が発射されているはずです。まだどのあたりの周波数で発振しているかは不明ですので，FMラジオでこの電

写真9.4 ブレッドボード上のようす

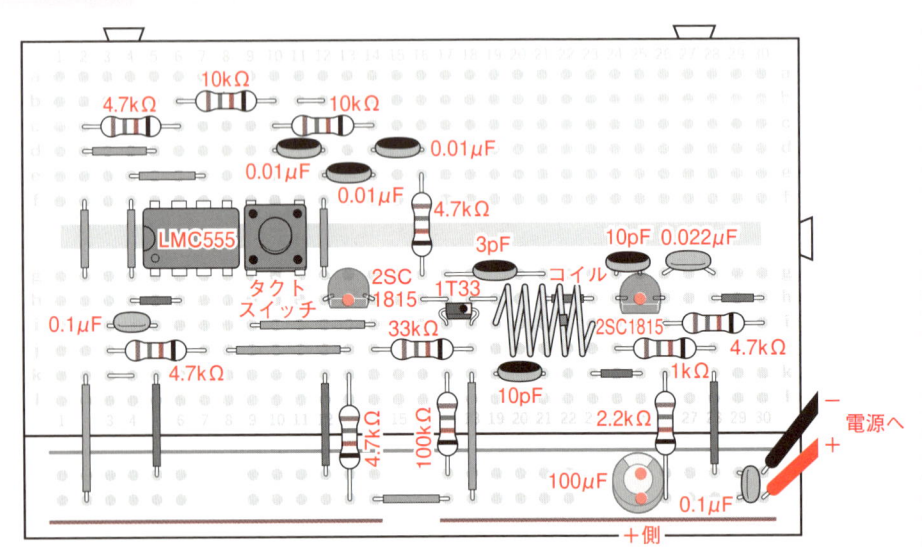

図9.3 実体配線図

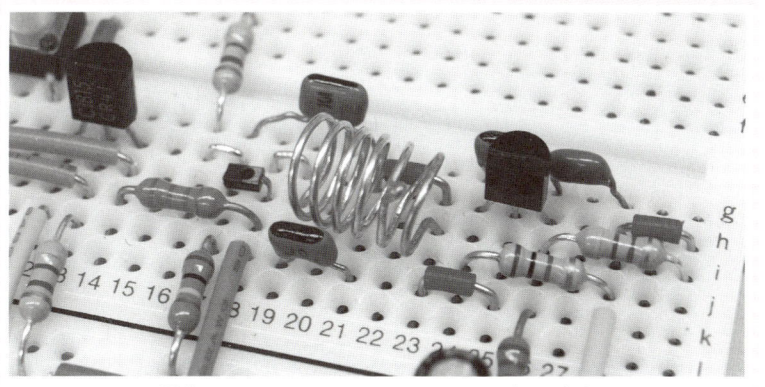

写真9.5 ブレッドボード上のコイル部分のようす

波を探します。1kHzの発振部をオン・オフするトランジスターのベース（33kΩのところ）をジャンプワイヤーでGNDに接続しておくと1kHzで変調された電波が出っ放しになりますので，FMラジオで探しやすくなります。

　FMラジオのダイアルを回し，「ピー」という発振音の聞こえるところを丹念に探します。このコイルの巻数とコンデンサーの同調回路の定数では，70MHz付近で発振していました。

　必ずFM放送のないところに周波数を合わせる必要がありますので，コイルの間隔を変えて発振周波数を調整します。コイルの間隔を狭めると発振周波数は低くなり，広めると高くなりますからFM放送のない周波数（FM放送の周波数より離れたところ）に合わせます。コイルの間隔調整は微妙ですから少しずつ狭めたり，広めたりしてFMラジオで聞きながら調整してください。

　調整用のジャンプワイヤーを外して，スイッチをオン・オフすると，FMラジオからきれいな約1kHzの断続が聞こえるでしょう。微弱の電波ですから，遠くまでは届きませんが，部屋の中でしたら問題なく届きますので無線通信の雰囲気を味わうことができます。本機はコイルとコンデンサーによる発振回路のため，人体の影響（ボディエフェクト）で周波数が変化することがあります。

　さあ，モールス符号をマスターし，アマチュア無線の資格の取得にもぜひ挑戦してみてください。

10. 不思議な音を楽しむ テルミンもどき

　テルミンとは電波の周波数の変化を手の位置や動きにより変化させ，それをもとにして音に変換する楽器で，初期の電子楽器とされています。演奏者は楽器に直接手を触れることなく，空中での手の動きでいろいろな曲を演奏することができます。

　ここでは，電波の周波数を変化させるものではなく，光の強弱を周波数の変化に変えていろいろな音を出すテルミンもどきのものを製作します（写真10.1）。本機は，自然界にないような不思議な電子音を楽しむことができます。

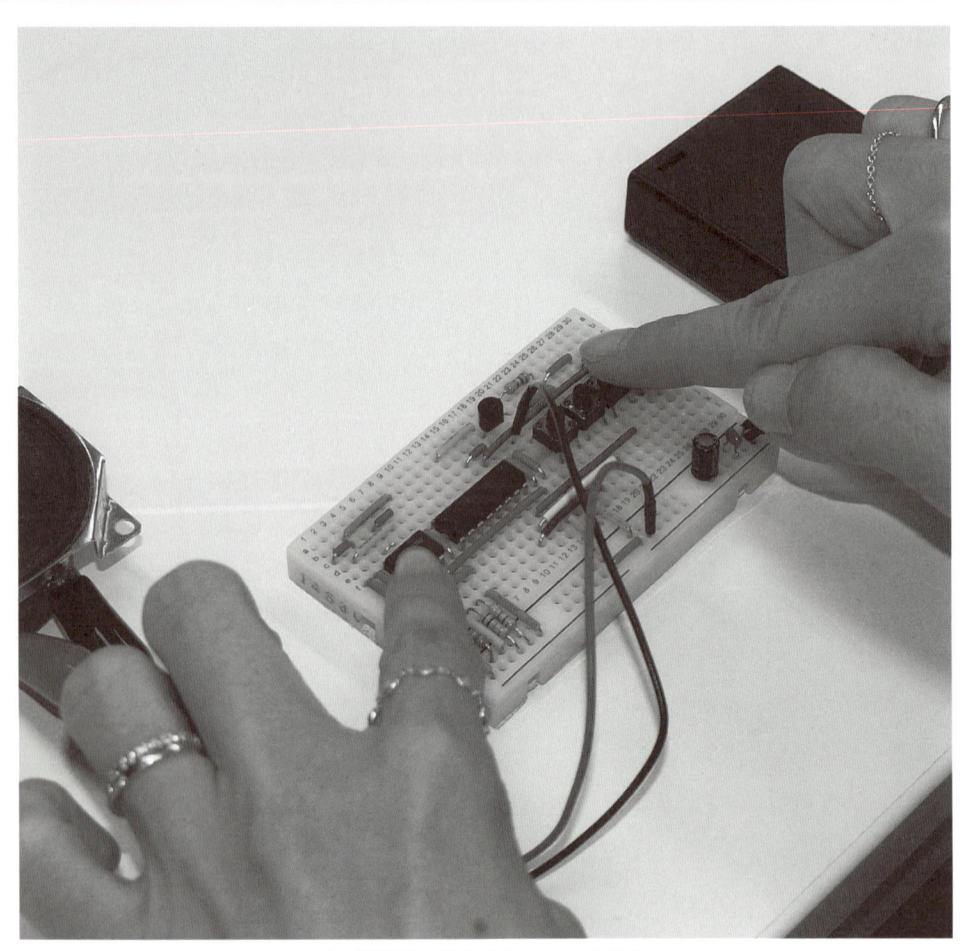

写真10.1　製作するテルミンもどき

(1) 回 路

　本機は光の強さを検出するフォトトランジスターを使用していますので，明るい部屋で操作する必要があります。音の変化は低い音から高い音まで出せるように，4個のスイッチで範囲（オクターブ）を選択します。この4個のいずれかのスイッチを押すと発振音が出ます。フォトトランジスターの上に手をかざして光を弱めると周波数が高くなり，手を離して明るくすると周波数が低くなれば正常に動作しています。

　一番左のスイッチ1（SW_1）は低い音，一番右のスイッチ4（SW_4）は高い音の選択となります。スイッチと出力周波数の関係は表10.1のとおりで，スイッチ1よりスイッチ2は2倍の周波数，スイッチ3は4倍，スイッチ4は8倍となっています。

表10.1　スイッチと周波数の関係

スイッチ	出力周波数
1	75～750 Hz
2	150～1500 Hz
3	300～3000 Hz
4	600～6000 Hz

　右手でスイッチ1からスイッチ4を適当に選び，左手でフォトトランジスターに当たる光を調整するといろいろな周波数の音が出ますので，簡単な音楽に挑戦してみてください。

　救急車の音や消防車のサイレンなどは，わりと簡単に出すことができます。また，スイッチ2あるいはスイッチ3を押して，少し高めの周波数（800～1000 Hz）にして，このスイッチを押したり，離したりするとモールスの練習機にもなります。

　本機は環境により光の条件が異なりますので，手の位置はその都度，調整する必要があります。

　ヘッドライトや懐中電灯などで直接フォトトランジスターに光を当てても，いろいろな周波数の音が出ますので，試してみてください。

　光の強さを電流に変換する素子として，本機ではフォトトランジスター（NJL7502L）を使用しますが，この素子は人間の視感度に近い特性を持っていて感度がとてもよく，わずかな光でも反応するため使用しやすい素子です。光の強さに応じたコレクター電流が流れますので，エミッターに接続した $100\,\mathrm{k\Omega}$ の抵抗にそれに応じた電圧が発生し，この電圧の変化により発振周波数を変えます。

電圧により発振周波数を変化させる回路をVCOといい，ここではLMC555をVCOとして使用します．LMC555は汎用タイマーICですが，いろいろな使い方ができるとても便利なICです．

発振は$10\,\mathrm{k}\Omega$の抵抗と$0.022\,\mu\mathrm{F}$のコンデンサーによるものですが，5番ピンに加える電圧で周波数を変化させることができます．出力周波数は$12\,\mathrm{kHz}$と高いため，これをバイナリーカウンターHD74HC4040で周波数を分周※します．このICは入力周波数を1/2，1/4，1/8から1/4096までの12とおりの分周出力を得ることができますが，この製作では1/2，1/4，1/8，1/16の出力を使用し，タクトスイッチでこれらの中からいずれかを選び，トランジスター2SC1815のベースに加えます．

※周波数を低くすること．

このトランジスターの入力が"H"のときにオンとなってスピーカーに電流が流れ，"L"のときにオフとなって電流は流れなくなるスイッチング動作※をします．

8番ピンはリセットのためのもので，ここを"H"とすると出力はすべて"L"となりますが，ここでは常時動作させるため，この8番ピンは"L"としてグラウンド(0V)に接続しています．

※電圧が高いか低いかの2値のみの動作のこと．

出力波形は矩形波("H"と"L"の繰り返し)のため，同じ周波数でも滑らかな正弦波に比べてその音色は異なり，独特の音となります．

(2) 製　作

本製作に必要な部品を表10.2に示します．組み立ては写真10.2と図10.1の実体配線図を見て，間違えないようにブレッドボードの穴に部品をしっかりと挿し込み，次にジャンプワイヤーを挿し込みます．

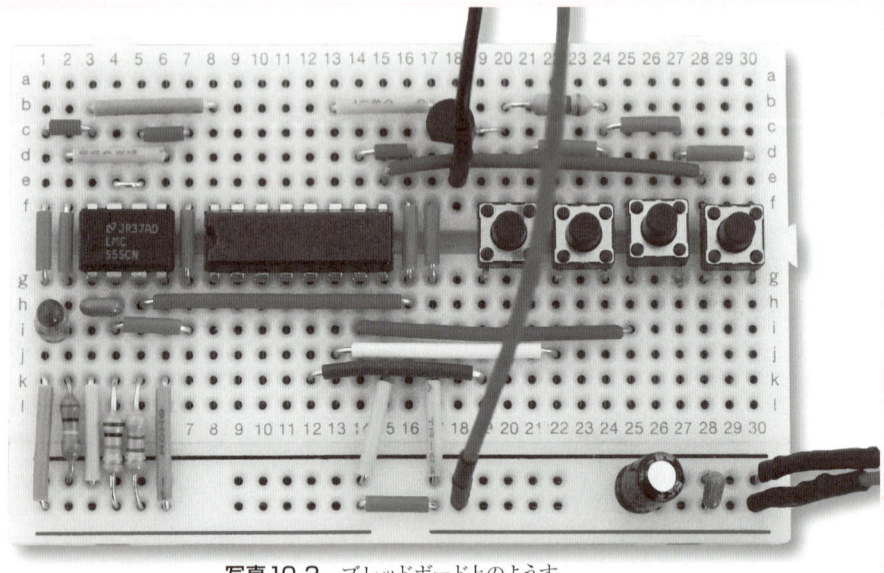

写真10.2　ブレッドボード上のようす

表10.2　部品表

部　品　名	規　　格	数量
タイマーIC	LMC555	1
カウンターIC	HD74HC4040（SN74HC4040同等品）	1
フォトトランジスター	NJL7502L	1
トランジスター	2SC1815	1
抵抗	100kΩ（1/4W）［茶黒黄金］	1
	10kΩ（1/4W）［茶黒橙金］	1
	4.7kΩ（1/4W）［黄紫赤金］	2
セラミックコンデンサー	0.1μF［104］	1
	0.022μF［223］	1
電解コンデンサー	100μF（16V）	1
スピーカー	直径50mm 8Ω	1
スイッチ	タクトスイッチ	4
ブレッドボード	サンハヤト SAD-101	1
配線材料 ジャンプワイヤー	ミノムシクリップ付き　スピーカー用	2
	サンハヤト ジャンプワイヤー・キット	一式
電池	単3型	3
電池ボックス	単3電池3本用　電源スイッチ付き	1

　LMC555とHD74HC4040のピン配置は，基礎編[※]を参照してください。それぞれのICには1番ピン側を示す凹みがあります。

　本機に使用したLMC555やHD74HC4040はCMOS型のICで，静電気に弱いので取り扱いには十分に注意してください。身体に静電気が帯電しているようなときは，あらかじめ金属のものに触れたりするなど，放電してから触れるようにしてください。

　ジャンプワイヤーは折り曲げることなく，すべて直線で配線していま

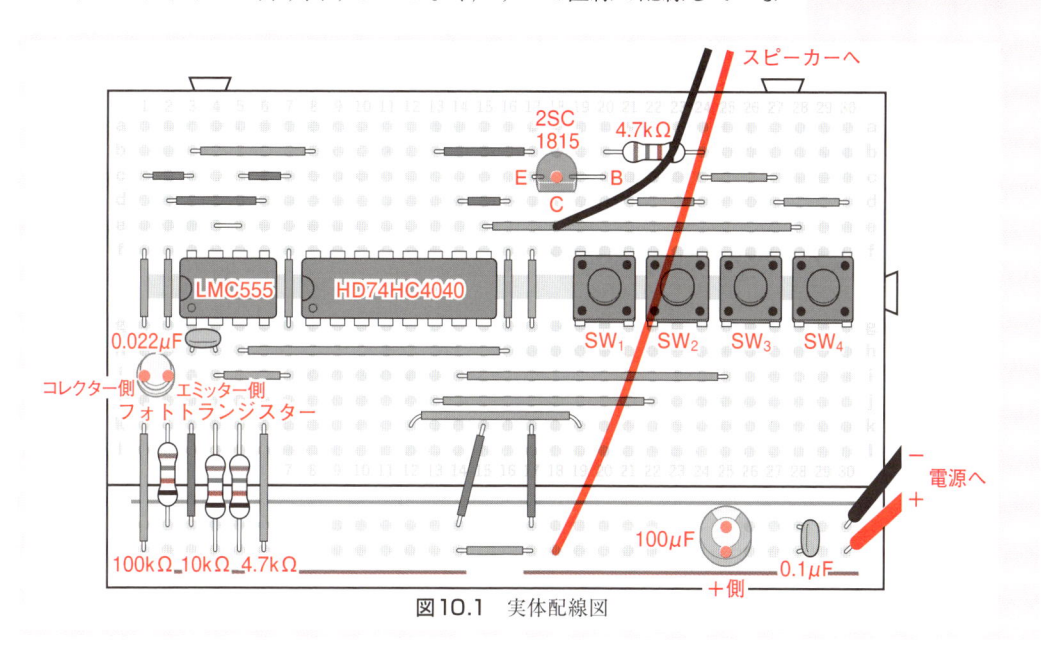

※19，21ページ参照。

10．不思議な音を楽しむ　テルミンもどき

製作編

図10.1　実体配線図

すので，空いているポイントを接続のための中継点として使用していますが，これらの中には1インチより長いものが3本あります。これは2インチのものをニッパーで必要な長さに切断し，カッターナイフで被覆を切り取って短いジャンプワイヤーとしました。抵抗，コンデンサー，そしてフォトトランジスターなどのリード線の切断については，基礎編※を参照してください。なお，トランジスターのベースのリード線は挿し込むポイントを一つまたぎますので，図10.2にように少し広げて挿し込んでください。

※14，16，18ページ参照。

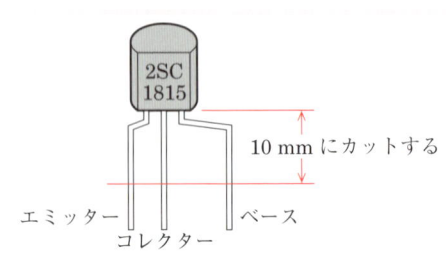

図 10.2　トランジスター 2SC1815 のリード線の加工

スピーカーには通常リード線は付いていませんので，ジャンプワイヤーキットに含まれているミノムシクリップ付きのもの（写真10.3）を使用したり，より線をしっかりと結び付けたりしてください。

タクトスイッチの端子の内訳は基礎編で説明したとおりですが※，ブレッドボードの中心をまたぐようにしっかりと挿し込みます。電源は単3電池3本をスイッチ付きの電池ボックス（写真10.4）に入れて使用します。

すべての配線が完了したら写真や実体配線図と見比べて，配線が間違っていないかよく確認してください。すべて確認が終わったら電源を接続し，押しボタンスイッチを押すと発振音が聞こえます。

※23ページ参照。

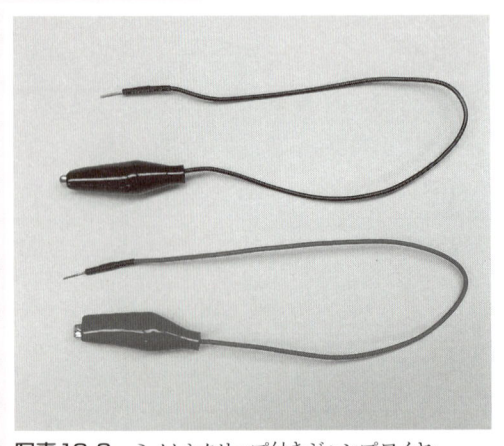

写真 10.3　ミノムシクリップ付きジャンプワイヤー

写真 10.4　スイッチ付き電池ボックス

発振音が聞こえたら，フォトトランジスターの上に手をかざすと周波数が変わり，いろいろな音が聞こえます。もし何も聞こえないようであれば，配線に誤りがあったり，電池の入れ方が間違っていたりする可能性がありますので，再度確認してください。なお，インバーター蛍光灯の下では蛍光灯が高速で点滅しているため音が濁ることがあります。

また，フォトトランジスターと$100\mathrm{k}\Omega$の抵抗を取り除き，その代わりに$100\mathrm{k}\Omega$のボリュームを写真10.5と図10.3のように接続し，ボリュームの軸を回転させるといろいろな音がでますので試してみてください。

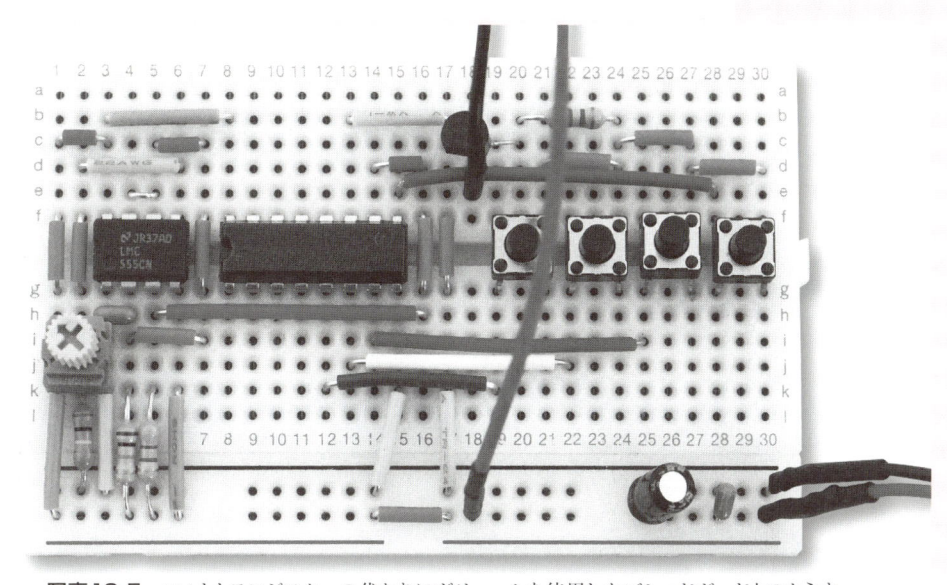

写真10.5 フォトトランジスターの代わりにボリュームを使用したブレッドボード上のようす

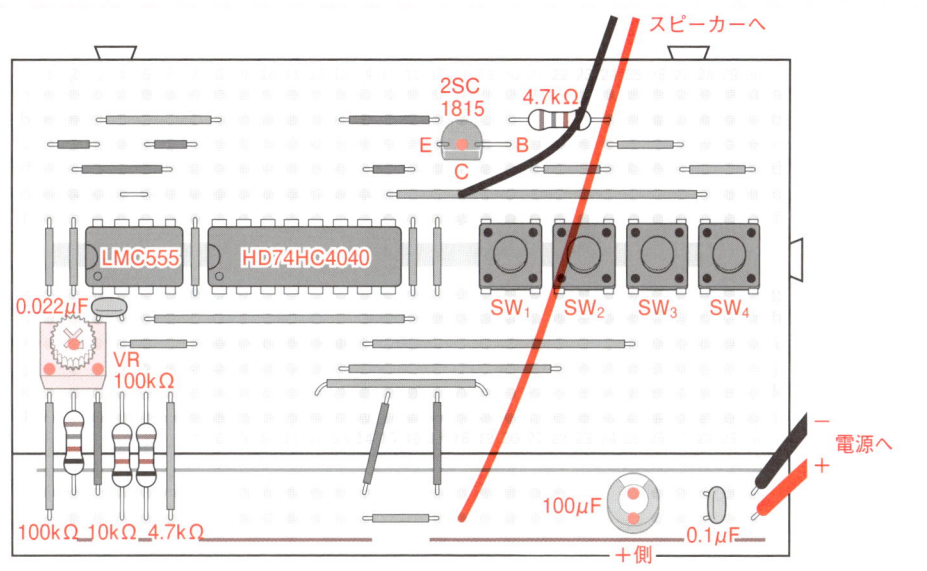

図10.3 フォトトランジスターの代わりにボリュームを使用した実体配線図

11. 廊下や玄関を明るくする
暗くなると自動的にLEDが点灯する常夜灯

　いちいちスイッチを入れなくても，暗くなると自動的にLEDが点灯し，明るくなると自動的に消える常夜灯を製作します（写真11.1）。

　廊下や玄関に設置しておけば，暗闇の中を手さぐりで歩かなくても済み，安全対策にもなります。本機は白色LEDが1個点灯するものですが，240Ωの抵抗と白色LEDを直列に接続したものを複数組み合わせることにより，さらに明るくすることができます。

写真11.1　暗くなると自動的にLEDが点灯する常夜灯

(1) 回 路

　光の明るさを検出し，あらかじめ設定した暗さになるとLEDに電流が流れ，白色LEDが点灯する仕組みで，この光の明るさを検出する素子として，フォトトランジスターNJL7502Lを使用します。NJL7502Lに光が当たるとコレクター電流が増加し，エミッターに接続した100kΩの抵抗の両端の電圧が上昇します。逆に暗くなると，コレクター電流が減少して100kΩの両端の電圧は低下します。

　この電圧をボルテージコンパレーター※LM339Nに入力します。このICは4組の比較器が内蔵されていますが，このうちの一つを使用します。ピン配置は，基礎編※を参照してください。

※電圧比較器のこと。

※20ページ参照。

　コンパレーターの入力はIN＋とIN－とがあり，フォトトランジスターからの電圧を4番ピンのIN－へ，10kΩの抵抗と10kΩのボリュームで電源電圧を分圧した比較のための基準電圧を5番ピンのIN＋へ接続します。

　フォトトランジスターの周りがだんだん暗くなり，エミッターの電圧が5番ピンの基準電圧より下がると，LM339Nの出力は"H"となってトランジスターがオンとなり，LEDが点灯します。LM339Nの出力はオープンコレクターといって，出力トランジスターのコレクターが解放状態ですので，出力端子は必ずプルアップ抵抗※（4.7kΩ）で電源につないでおくことが必要となります。

※出力端子に抵抗を接続し，その片方を電源に接続するもの。

(2) 製 作

　本製品に必要な部品を表11.1に示します。使用した部品数は全部で12個ですので，とても簡単に製作できます。

表11.1　部品表

部　品　名	規　　格	数　量
コンパレーターIC	LM339N	1
フォトトランジスター	NJL7502L	1
LED	白色　5mm	1
トランジスター	2SC1815	1
ボリューム	10kΩ（サンハヤト部品パックのもの）	1
抵抗	100kΩ（1/4W）［茶黒黄金］	1
	10kΩ（1/4W）［茶黒橙金］	1
	4.7kΩ（1/4W）［黄紫赤金］	2
	240Ω（1/4W）［赤黄茶金］	1
セラミックコンデンサー	0.1μF［104］	1
電解コンデンサー	100μF（16V）	1
ブレッドボード	サンハヤト SAD-101	1
配線材料 ジャンプワイヤー	サンハヤト ジャンプワイヤー・キット	一式
電池	単3型	3
電池ボックス	単3電池3本用　電源スイッチ付き	1

11．廊下や玄関を明るくする　暗くなると自動的にLEDが点灯する常夜灯

製作編

最初にフォトトランジスターのリード線を8mmにニッパーで切断します。このときコレクターとエミッターの方向をしっかりと覚えておいてください。リード線が長いほうがコレクター側となります。間違えないように，コレクター側をわずかに長く切断しておくとよいでしょう。フォトトランジスターのピン配置を図11.1に示します。

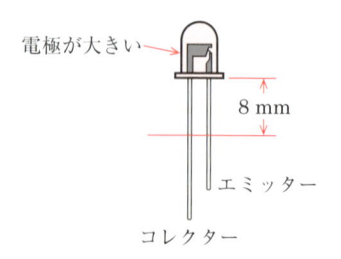

図11.1 フォトトランジスターのピン配置とリード線の加工

　写真11.2と図11.2の実体配線図を参考にしてICや抵抗などの部品を所定のポイントに挿し込み，ジャンプワイヤーで配線します。

　電源を入れる前に，もう一度配線に誤りがないか確認した後，電源を接続します。フォトトランジスターを手で覆って暗くし，LEDが点灯すれば良好に動作していることになります。どのくらいの明るさで点灯させるかの調整は，10kΩのボリュームにより行います。夜間，室内の照明を付けているときにLEDが消えていて，照明を消すとLEDが点灯するようにボリュームを調整します。

　電源は単3電池3本をスイッチ付き電池ボックスに入れて使用していますが，電池の消耗を考慮すると5V / 0.5～1A程度の小型ACアダプターを使用するとよいでしょう。その際にはアダプターのプラグからブレッドボードに挿し込めるDC電源ジャックから，スクリュー端子台へ変換するアダプター※を使用するとよいでしょう。

　最近のLEDは高輝度のものが多く，少ない電流でとても明るく光ります。本機で使用するLEDは1個ですが，ブレッドボードの空きスペースに複数のLED（5個程度）を挿入し，カソード側をすべて共通に接続したものを2SC1815のコレクターに接続し，それぞれのアノード側には240Ωの抵抗を接続し，抵抗の片方はすべて共通に接続して電源に接続することで，さらに明るくすることができます。

　本機は暗くなると白色LEDが点灯するものですが，第7章「人間検出機」のようにLEDの代わりにリレーを使用することにより，いろいろな応用ができ，リレーの接点を利用して電灯を点けたりすることもできます。

※61ページの写真7.6参照。

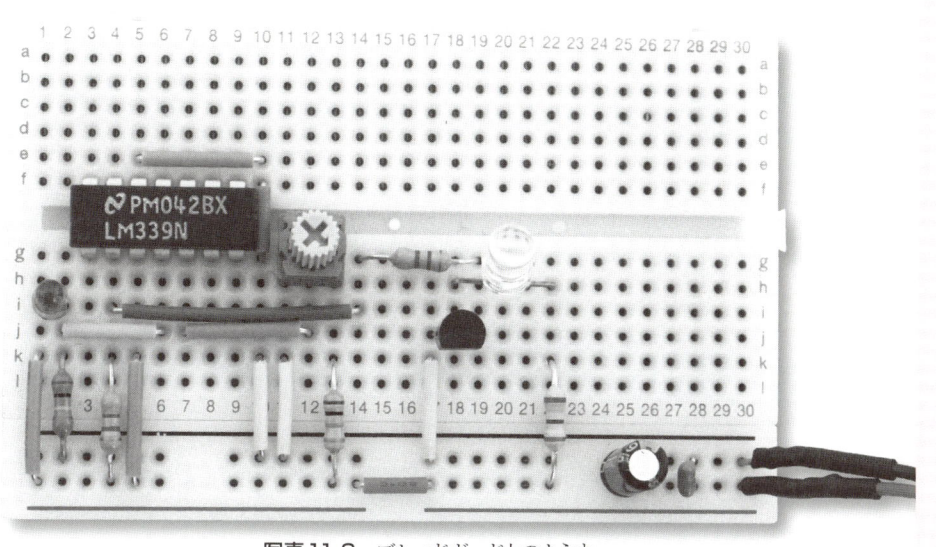

写真11.2　ブレッドボード上のようす

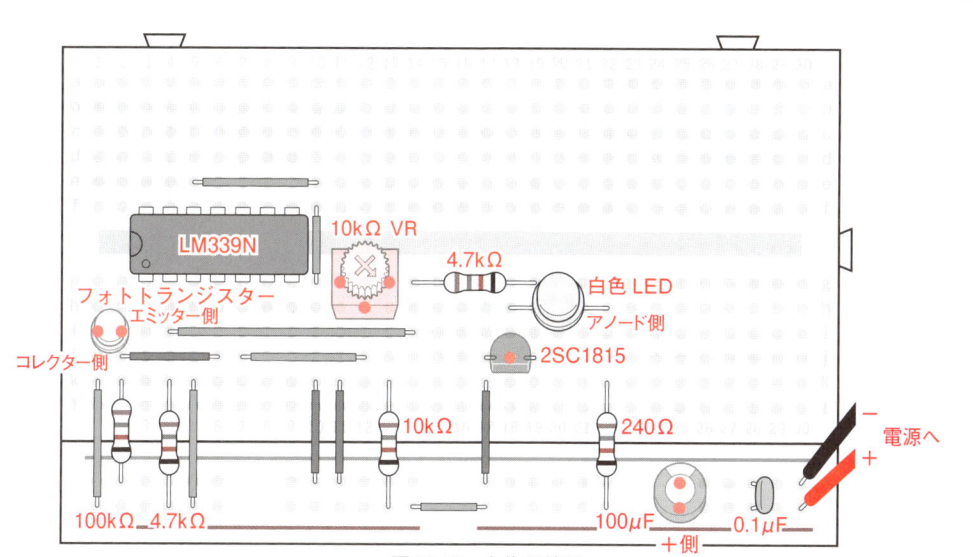

図11.2　実体配線図

11．廊下や玄関を明るくする　暗くなると自動的にLEDが点灯する常夜灯

製作編

　本書で使用したリレーはコイルに電流を流すと接点が動く仕組みですが，SSR※を使用すると機械的な稼働部分のない信頼性の高いものとなります。SSRを使用すると少ない電流でAC100Vをオン・オフすることができますので，LEDの代わりにSSRの入力端子を使用するとよいでしょう。

※Solid State Relayの略で，内部にLEDが組み込まれていて，このLEDが点灯すると半導体スイッチがオンとなるもの。

12. メロディーで目覚まし 明るくなると鳴るメロディーオルゴール

　朝，太陽の陽射しとともに目覚めるのは気分がよいものです。ここでは陽射しを受けるとメロディーが鳴り出すオルゴールを製作します（写真12.1）。メロディーオルゴールの部分は第4章「電子オルゴール」で製作したオルゴールシリーズのICを別のものに取り替えて，スピーカーの駆動回路を高音質化したものとしました。第4章では，スピーカー駆動部はトランジスター（2SC1815）を1個使用しているだけですが，本機は2SA1015を1個追加し，プッシュプル方式※とし，音質の向上を図っています。

※位相が異なる信号で二つの増幅部を動作させる方式のこと。

写真12.1　寝室に設置した明るくなると鳴るメロディーオルゴール

(1) 回 路

　光の明るさを検出するフォトトランジスター（NJL7502L）はLEDと同じ形状をしていますが，写真12.2のようにコレクター（長いほう）とエミッター（短いほう）の二つの電極があります。コレクターは電源に，エミッターは抵抗（100 kΩ）を介してグラウンド（GND）に接続します。

　本機の動作は，次のとおりです。光が当たるとフォトトランジスターに流れる電流が増加し，エミッターの電圧が上昇しますので，この出力をコンパレーターICのLM339Nの4番ピンへ入力します。コンパレーターの機能は基準電圧と入力電圧を比較し，入力電圧が基準電圧を超えると，出力が変化します。第11章「暗くなると自動的に点灯する常夜灯」と逆の動作をするもので，LM339Nのフォトトランジスターと基準電圧の入力ピンの接続を入れ替えたものです。LM339Nのピン配置は基礎編[※]を参照してください。

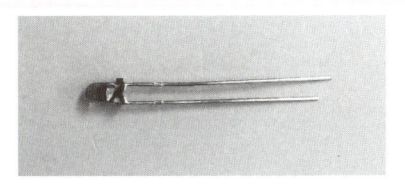

※20ページ参照。

写真12.2　フォトトランジスター（NJL7502L）の外観

　本機は，10 kΩの抵抗と10 kΩのボリュームで基準電圧を設定し，10 kΩのボリュームで動作する明るさを変えることができます。LM339Nの出力端子はオープンコレクター方式で，出力部分に負荷抵抗が接続されていませんので，外部に負荷抵抗を接続する必要があり，2番ピンに接続されている4.7 kΩがこの役割をしています。

　光の明るさが強くなるとコンパレーターの出力は"H"から"L"に変化しますので，0.01 µFと4.7 kΩの抵抗の微分回路[※]によりトリガーパルスを作り，LMC555の2番ピンのTRIGGERに入力します。LMC555はワンショット・マルチバイブレーターとして動作し，1.5 MΩと47 µFにより約30秒間，出力が"H"となります。この出力をメロディーオルゴールIC（UM3481/UM3482/UM3485）の2番ピンのCEに加え，CEピンが"H"となると，このICは動作を開始してスピーカーから曲が流れます。

※信号が急激に変化したときのみ出力が変化する回路のこと。

　このように，このICは外部から動作をコントロールすることができます。電源は単3電池3本の4.5 Vを使用しています。LMC555とメロ

12. メロディーで目覚まし　明るくなると鳴るメロディーオルゴール

製作編

85

※19，21ページ参照。

ディーオルゴールICのピン配置は，基礎編※を参照してください。

（2）製　作

　本製作に必要な部品を表12.1に示します。使用する2枚のブレッドボードのほぼ全面に部品が挿し込まれ，使用するジャンプワイヤーの数は50本以上も使用していますので，間違えないように写真12.3や図12.1の実体配線図を参考にして，慎重に挿し込んでください。

　各ICのパッケージには凹の印がありますので，これを左方向にして挿し込みます。UM3485の4番ピン（電源）と7番ピンに接続する4.7μFの電解コンデンサーは3ポイントの幅で，LMC555の6番ピンとGNDの間は2ポイントの幅ですので，これらの電解コンデンサーのリード線は，図12.2のように加工し，極性を間違えないように挿し込んでください。

　なお，二つのボリュームの向きが逆になっているので，方向を間違えないようにしてください。2インチのジャンプワイヤーで届かないポイントとの接続は，ほかに使用していないポイントを中継点として複数のジャ

表12.1　部品表

部　品　名	規　格	数量
タイマーIC	LMC555	1
コンパレーターIC	LM339N	1
メロディーオルゴールIC	UM3481/UM3482/UM3485	1
トランジスター	2SC1815	1
	2SA1015	1
フォトトランジスター	NJL7502L	1
ボリューム	100kΩ　サンハヤト部品パック	1
	10kΩ　サンハヤト部品パック	1
抵抗	1.5MΩ（1/4W）［茶緑緑金］	1
	330kΩ（1/4W）［橙橙黄金］	2
	180kΩ（1/4W）［茶灰黄金］	1
	100kΩ（1/4W）［茶黒黄金］	2
	10kΩ（1/4W）［茶黒橙金］	1
	4.7kΩ（1/4W）［黄紫赤金］	3
セラミックコンデンサー	0.1μF［104］	2
	0.022μF［223］	2
	0.01μF［103］	1
電解コンデンサー	100μF（16V）	2
	47μF（25V）	1
	4.7μF（16V）	1
スピーカー	直径50mm 8Ω	1
ブレッドボード	サンハヤト SAD-101	2
配線材料 ジャンプワイヤー	サンハヤト ジャンプワイヤー・キット	一式
電池	単3型	3
電池ボックス	単3電池3本用　電源スイッチ付き	1

ンプワイヤーを直列に接続して配線します。スピーカーとブレッドボードの接続は，ミノムシクリップ付きのジャンプワイヤーを使用します。

すべての部品とジャンプワイヤーの挿し込みが終わったら，もう一度，部品の挿し込み位置やジャンプワイヤーの配線に誤りがないか，しっかりと確認してください。明るい状態で電源を接続すると，スピーカーからメロディーが流れますが，もし何も音がしないようでしたら，部品の位置や配線に誤りがある可能性がありますので，すぐに電源を切り，もう一度よく確認してください。

明るい部屋で電源をオンにすると30秒程度メロディーが流れ，その後メロディーオルゴールICの動作が停止しますので，フォトトランジ

コラム ： 備えておきたい電子部品

電子工作をするためにはいろいろな電子部品が必要となりますが，その都度購入すると，時間や送料などが掛かってしまいますので，よく使う電子部品をまとめ買いをしておくとよいでしょう。常備部品としては次のものが考えられますが，よく使う部品をリストアップして，購入しておくとよいでしょう。

・トランジスター

汎用トランジスターの2SA1015や2SC1815が20個程度あれば，いろいろなものに使用できます。特に2SA1015や2SC1815は廃品種とされていますので，まとめ買いしておくとよいでしょう。

・抵抗

抵抗値は120Ω，240Ω，1kΩ，4.7kΩ，10kΩ，100kΩ，そして1MΩ，大きさは本書のような電子工作では1/4Wのもので十分です。100本入りですと格安で購入することができます。抵抗を直列または並列に接続することで，いろいろな値のものを作ることもできます。

・コンデンサー

電解コンデンサーは1μF，4.7μF，10μF，22μF，47μF，そして100μF，セラミックコンデンサーは0.1μFをそれぞれ20個程度用意しておくとよいでしょう。抵抗と同じように，コンデンサーも直列または並列に接続することで，いろいろな値のものを作ることもできます。

・LED

LEDはとても安価となりましたので，赤色，黄色，緑色，青色，そして白色などをそれぞれ20個程度用意しておくとよいでしょう。

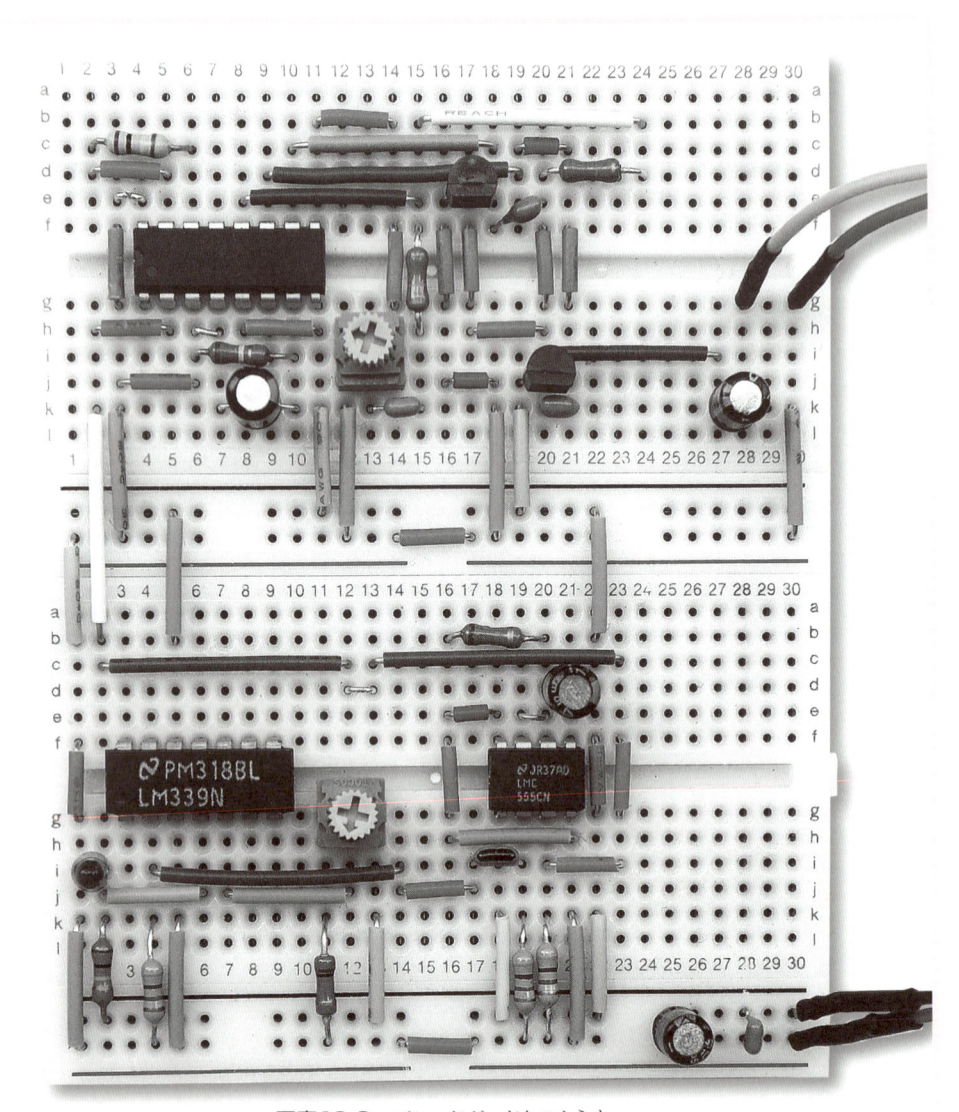

写真12.3 ブレッドボード上のようす

スターに光が当たらないようにした後,光を当てたときにメロディーが流れれば正常に動作しています。

　音量は,メロディーオルゴールICのそばのボリューム(100kΩ)で調整します。右に回すと音が大きくなり,左に回すと小さくなります。どのくらいの明るさになったら動作するかを決めるのは,コンパレーターICのそばのボリューム(10kΩ)です。右に回すと基準電圧が上がり,光が強く当たったときに動作するようになり,左に回すと基準電圧が下がり,光が弱いときでも動作するようになります。このボリュームを調整し,好みの明るさでメロディーが流れるようにしてください。

　寝る前に本機を窓辺に置き,電源を入れておきましょう。明るくなるとメロディーが流れ,さわやかな目覚めとなります。

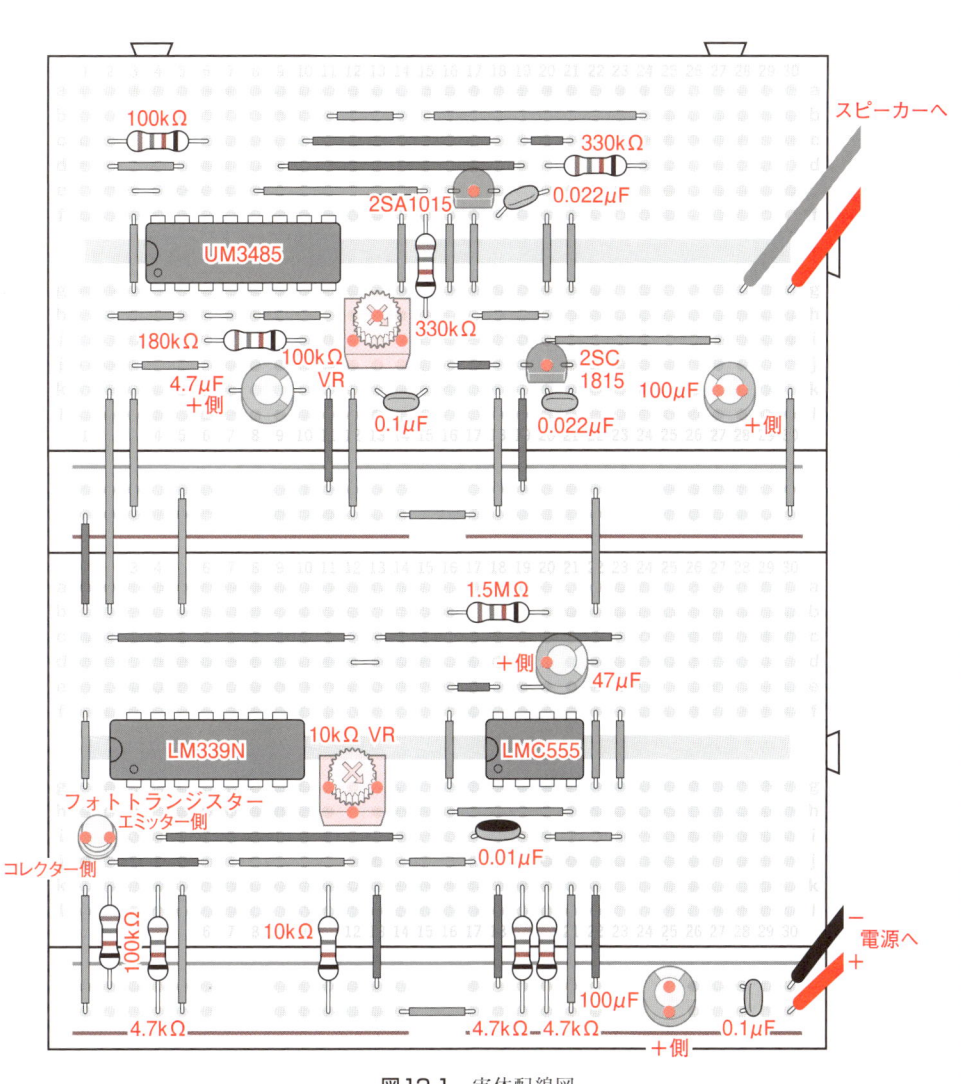

図12.1 実体配線図

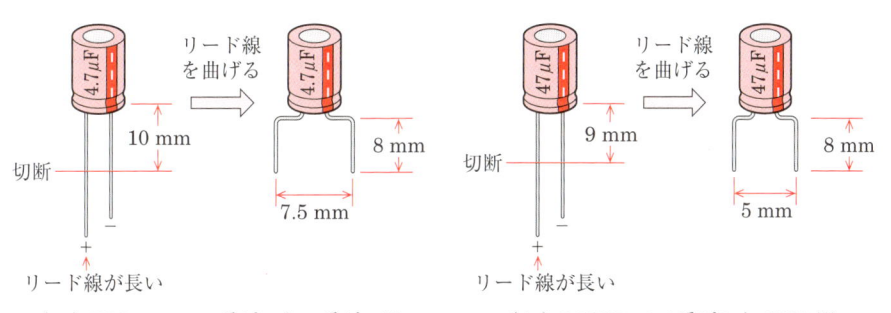

（a）UM3485 の 4 番ピンと 7 番ピン間
（b）LMC55 の 6 番ピンと GND 間

図12.2 電解コンデンサーのリード線の加工

12. メロディーで目覚まし 明るくなると鳴るメロディーオルゴール

製作編

13. いろいろな色のLEDを使った キラキラ光るクリスマスツリー

　赤色や青色，黄色などの色とりどりのLEDをランダム風に点灯し，バックグラウンドで，クリスマスソングのオルゴールを奏でるかわいいクリスマスツリーを製作します（写真13.1）。

　本機はブレッドボードだけではなく，クリスマスツリー本体へのLEDの取り付けや配線があり少し複雑ですが，時間を掛けてていねいに工作すれば，必ず動作します。完成時の喜びもひとしおです。手作りのクリスマスツリーで「メリークリスマス！」

写真13.1　製作するキラキラ光るクリスマスツリー

(1) 回 路

　汎用タイマーICのLMC555を3個使用し，それぞれ無安定マルチバイブレーターとして動作させています。3個のICの発振周波数は，わずかにずらすように発振部の電解コンデンサーの静電容量の値をそれぞれ変えています。このようにすることにより，LEDがよりランダムに点滅するようになります。LMC555のピン配置は基礎編※を参照してください。

※19ページ参照。

　また一つのLMC555の出力をNPNトランジスター(2SC1815)とPNPトランジスター(2SA1015)に入力して，NPNトランジスターがオンのとき，これに接続されているLEDが点灯し，このときPNPトランジスターはオフとなりますので，これに接続されているLEDが消灯する回路とし，より複雑に点滅するようにしています。

　一つのトランジスターに4個のLEDを接続して，合計24個のLEDが点滅する方式としています。クリスマスソングを奏でるオルゴールは，2SC1815と同じTO-92型の3端子型のUM66T-01Lを使用して，圧電スピーカーを鳴らすことができます。UM66T-01Lのピン配置を図13.1に示します。このオルゴールICにはクリスマスソングとしてなじみのある「Jingle Bells」，「Santa Claus is Coming to Town」，「We Wish You A Merry Christmas」の3曲が入っています。

　電源回路は，単3電池3本の4.5Vに赤色LEDを直列に接続して，このLEDの順方向電圧降下を利用して3V以下の電圧としています。LM66T-01Lの電源の端子とGND間には0.1μFのセラミックコンデンサーを必ず接続してください。

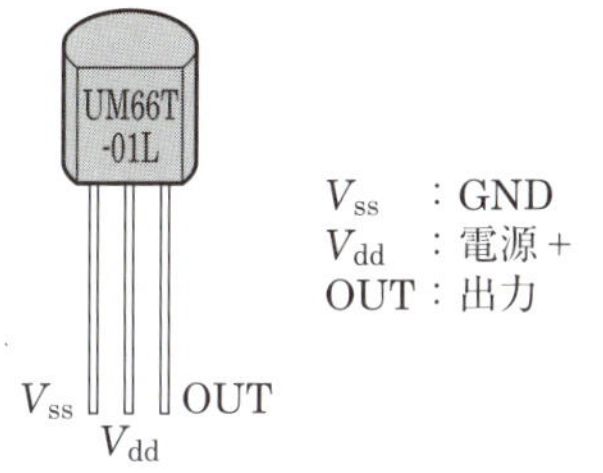

V_{ss} ：GND
V_{dd} ：電源+
OUT ：出力

図13.1　UM66T-01Lのピン配置

(2) 製　作

　本製作に必要な部品を表13.1に示します。使用するブレッドボードは2枚で，写真13.2と図13.2の実体配線図を参考にして，間違えないように慎重に挿し込んでください。

　ツリーとなる部分は厚さ6mmの合板を使用し，モミの木の形に似せて切ります。適当に木の形になるよう鉛筆で切り取り線を描き，のこぎりやカッターナイフで丁寧に切り取ります。大きさは高さ300mm，幅180mmにしましたが，好みの大きさのものとしてください。ただしあまり大きくするとLEDの密度が疎になり，あまりきれいに見えませんので注意してください。

表13.1　部品表

部　品　名	規　格	数　量
タイマーIC	LMC555	3
トランジスター	2SC1815	3
	2SA1015	3
オルゴールIC	UM66T-01L	1
LED	赤色　直径5mm	5
	青色　直径5mm	4
	緑色　直径5mm	4
	白色　直径5mm	4
	黄色　直径5mm	4
	橙色　直径5mm	4
抵抗	100kΩ（1/4W）[茶黒黄金]	3
	10kΩ（1/4W）[茶黒橙金]	3
	4.7kΩ（1/4W）[黄紫赤金]	9
	1kΩ（1/4W）[茶黒赤金]	1
	240Ω（1/4W）[赤黄茶金]	24
セラミックコンデンサー	0.1μF [104]	2
電解コンデンサー	100μF（16V）	1
	10μF（16V）	1
	4.7μF（16V）	1
	2.2μF（16V）	1
圧電スピーカー	PKM13EPYH4000-A0	1
ブレッドボード	サンハヤト SAD-101	2
配線材料 ジャンプワイヤー	サンハヤト ジャンプワイヤー・キット	一式
配線材料	0.5mm被覆線　LED配線用	2m
熱収縮チューブ	直径3mm	1m
ツリー本体	6mm厚　合板　幅180mm 高さ300mm	1枚
取付台	幅85mm 奥行100mm 厚さ40mm	1枚
木ネジ	長さ10mm　ツリー本体と取付台接合用	3
電池	単3型	3
電池ボックス	単3電池3本用　電源スイッチ付き	1

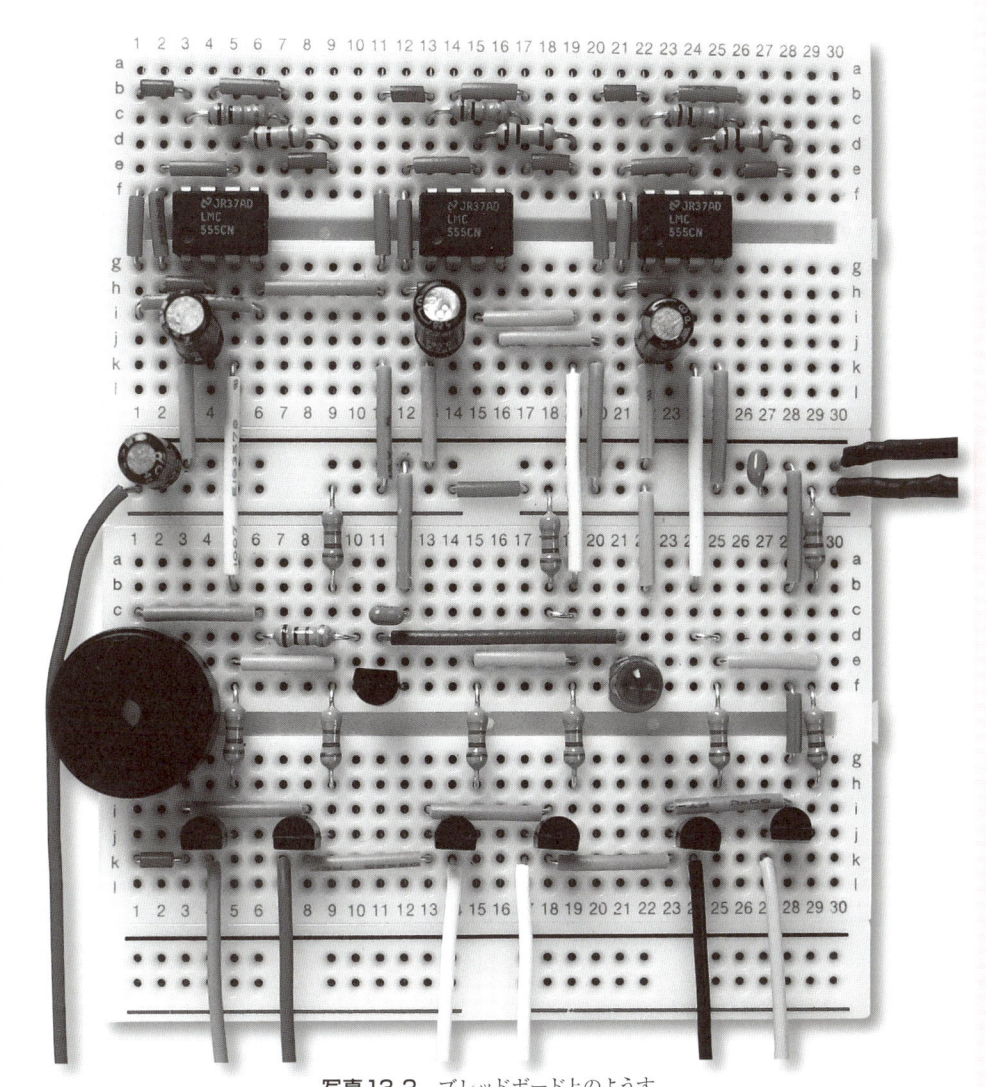

写真13.2 ブレッドボード上のようす

　切り抜いた合板の幹，枝，葉の部分に直径5mmの穴を木工ドリルや彫刻刀などでバランスを取った配置となるように穴をあけます。次に緑色の塗料で全面を塗装し，乾いたら白色のスプレーをわずかに吹き付けて雪の感じを出します。塗装が乾いたら，この裏側から直径5mmのLEDを挿し込んで，接着剤で固定します。合板の代わりに厚紙や段ボールなどを使用すると，穴あけはぐっと簡単となります。

　すべてのLEDのアノード側は電源に接続しますので，細い線を巻き付けて一つにまとめます。カソード側は240Ωの抵抗を巻き付けます。LEDと抵抗をつなぐようすを写真13.3に示します。一つのトランジスターに4個のLEDが接続されますが，4本の抵抗側を一つにまとめます。一組のLEDはなるべく離れた場所に設置すると点滅のときに別の動作

13. いろいろな色のLEDを使った キラキラ光るクリスマスツリー

製作編

93

図13.2　実体配線図

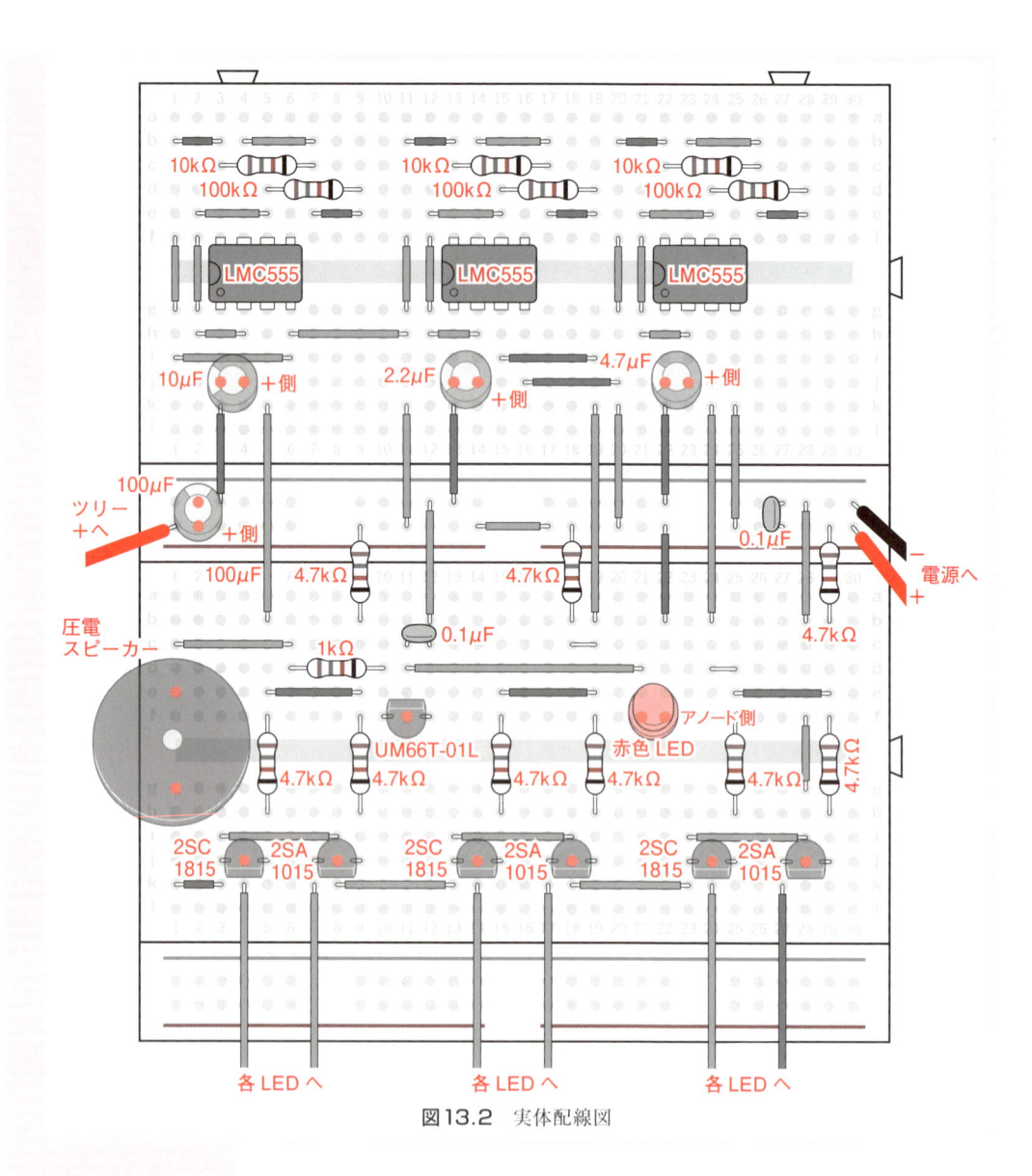

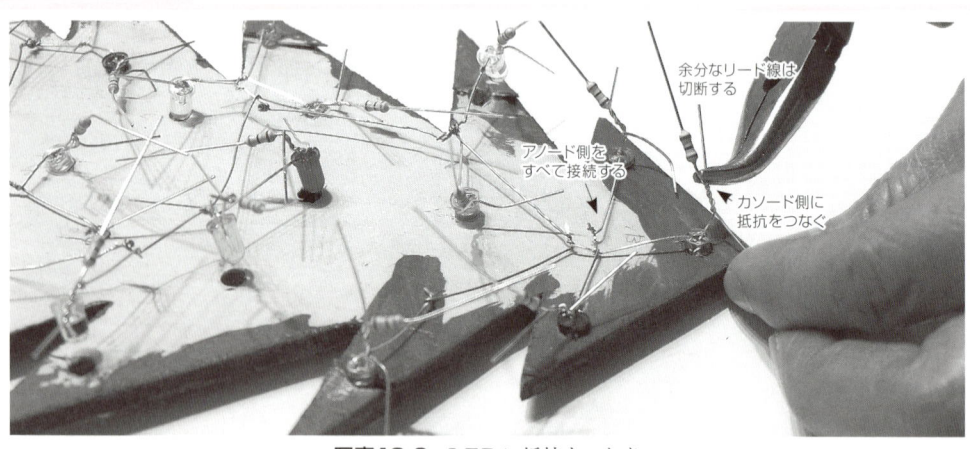

写真13.3　LEDに抵抗をつなぐ

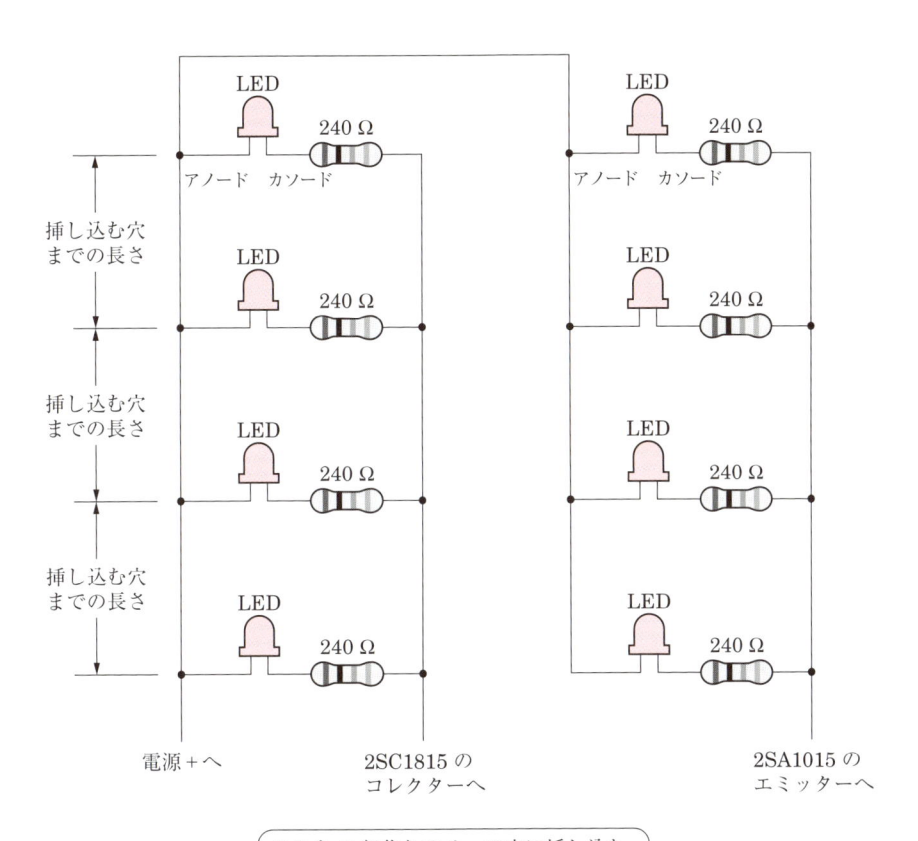

図13.3 クリスマスツリーの部分のLEDと抵抗の実体配線図

これを3組作りツリーの穴に挿し込む。LEDは赤色，青色，緑色，橙色，黄色，白色などをバランスよく配置する。電源回路はすべてひとつにまとめる。

のように見え，見栄えがよくなります．巻き付けたところは，熱収縮チューブやテープで絶縁して接着剤などで板に固定します．LEDの部分の接続は少し複雑なため，図13.3の実体配線図を参考にして間違えないよう慎重に配線してください．

ツリーの部分が完成したら，LEDのアノードの共通線に5Vの電源を接続してカソード側の抵抗をまとめた線をGNDに接続し，4個のLEDが点灯することを確認してください．6組のすべてが正常に点灯することを確認します．もし点灯しない場合は，配線をもう一度確認してください．

ツリーの部分からは電源の＋側（アノードの共通線）と6組のLEDの合計7本の線があり，これをブレッドボードに組まれた2SC1815のコレクターと2SA1015のエミッターのところへ挿し込みます．

13. いろいろな色のLEDを使った キラキラ光るクリスマスツリー

製作編

写真13.4 クリスマスツリーの裏面　　**写真13.5** クリスマスツリー前面

　完成したクリスマスツリーの裏面全体を写真13.4に，前面を写真13.5に示します．電源をオンにすると，24個の色とりどりのLEDが一見ランダムに点滅しているかのように見えて，クリスマスソングが流れます．クリスマスシーズンになると，いろいろなクリスマスツリーが街や家庭に出現しますが，自作のかわいいクリスマスソング付きの本機でクリスマスを楽しんでください．きっと家族もびっくりするでしょう．

14. たった1個のICで作った オーディオ用ステレオアンプ

　ポータブルオーディオ機器の普及はすさまじくスマートホン，携帯電話，そしてオーディオ専用機器といったものが市販されていますが，いずれもヘッドホンやイヤホンの使用を前提としていて，もっと迫力のある音量で音楽を楽しむためにポータブルオーディオ機器でスピーカーをしっかりと鳴らせる高音質のオーディオ用ステレオアンプを製作します（写真14.1）。

　アンプの心臓部はTA8207KLで，一つのパッケージの中にステレオのための二つのアンプの回路が内蔵されているICで，これを使うことで低価格で高性能なアンプを手軽に製作することができます。

写真14.1　スマートホンとスピーカーを接続したオーディオ用ステレオアンプ

※Single Inline Package の略で，ピンが1列のみのICのこと。

（1）回　路

　アンプの機能をほとんど一つのパッケージにしたTA8207KLは，写真14.2に示すように12ピンのSIP※型に小さなフィン（放熱板）が付いたものです。

　外付け部品は6個の抵抗と11個のコンデンサーで，電源電圧を12Vにすると出力は4.6Wとなり，スピーカーを鳴らすには十分な出力を得られます。ポータブルオーディオ機器との接続は，ヘッドホンのジャックからミニプラグで本機に入力します。音量の調整はポータブルオーディオ機器本体で行うこととし，本機にはボリュームを付けていません。回路はメーカーのデータシートに基づいたものです。電源は12V/1AのACアダプターを使用します。

写真14.2　TA8207KLの外観

（2）製　作

　本製作に必要な部品を表14.1に示します。出力用のコンデンサーの形状が大きいことから，2枚のブレッドボードを使用します。写真14.3と図14.1の実体配線図を参考にして，間違えないように慎重に挿し込んでください。

表14.1　部品表

部　品　名	規　　格	数量
オーディオアンプIC	TA8207KL	1
抵抗	100kΩ（1/4W）［茶黒黄金］	4
	120Ω（1/4W）［茶赤茶金］	2
セラミックコンデンサー	0.1μF［104］	1
フィルムコンデンサー	0.1μF	2
電解コンデンサー	1000μF（35V）	2
	100μF（16V）	3
	47μF（35V）	3
ブレッドボード	サンハヤト SAD-101	2
配線材料 ジャンプワイヤー	サンハヤト ジャンプワイヤー・キット	一式
入力ジャック	3.5mm ステレオ用ミニプラグ対応	1
ターミナルブロック	2ピン	2
	3ピン	1
配線材料	赤，白，黒のより線　入力用	各100mm
電源コネクター	2.1mm 標準DCジャック　スクリュー端子台	1
ACアダプター	12V 1A	1

最初に背の低い抵抗とジャンプワイヤーを挿し込み，次にコンデンサー，ICを挿し込みます．電解コンデンサーは8個使用していますが，これらは極性がありますので，プラスとマイナス側を間違えないように注意

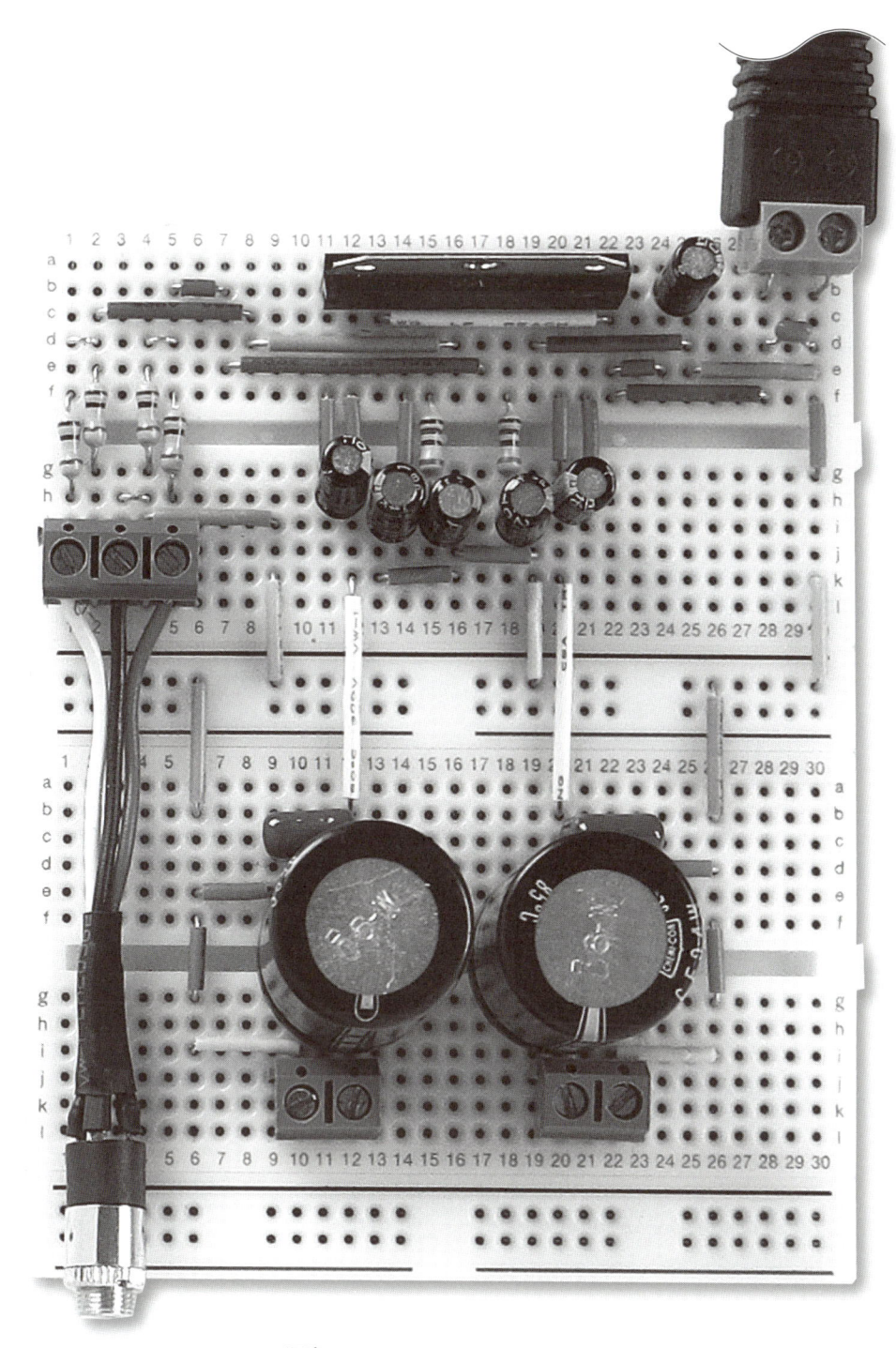

写真14.3　ブレッドボード上のようす

図14.1　実体配線図

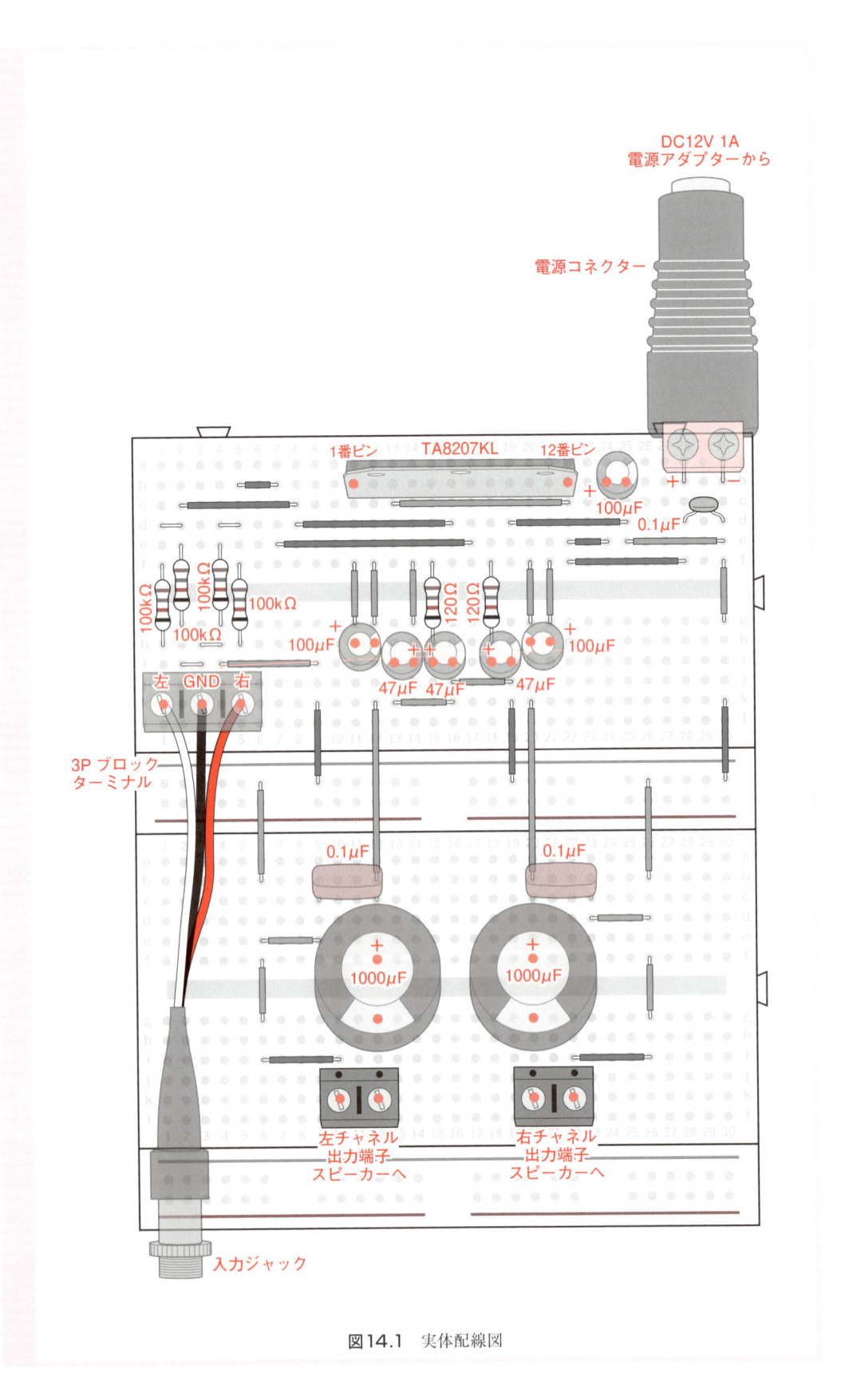

してください．電解コンデンサーの極性やリード線の切断方法などは基礎編※を参照してください．

　TA8207KLの電源電圧は9〜12Vまでのものが使用できますが，9Vのときは4Ωの負荷で2.5Wの出力，12Vのときは4Ωの負荷で4.6Wの出力が得られます．本機の電源はACアダプター（12V/1A）を使用していますが，内径2.1mmのプラグが付いていて，ここからブレッドボードの接続は電源ジャックと2端子のブロックターミナルが付いた変換アダプター※を使用しています．

　ポータブルオーディオ機器のヘッドホンのジャックからブレッドボードへの入力は，3.5mmのステレオ用ジャックと3端子のブロックターミナルを使って図14.2のように左右のチャネルを間違えないよう接続します（写真14.4）．

※16ページ参照．

※61ページの写真7.6参照．

図14.2　ミニプラグとミニジャックの構成

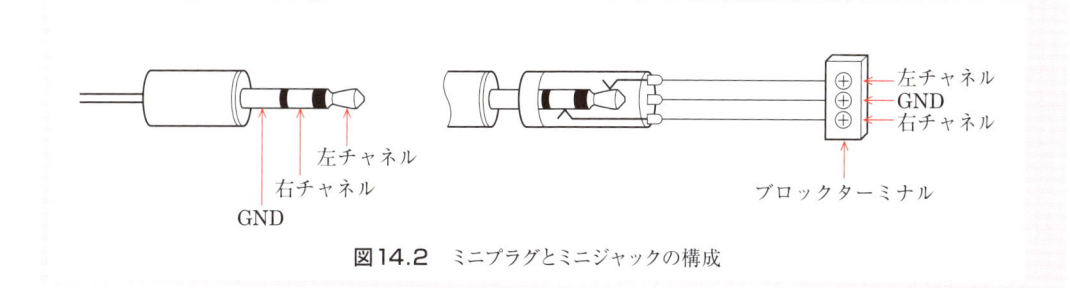

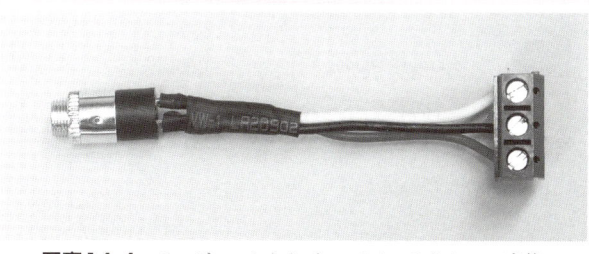

写真14.4　ミニジャックからブロックターミナルへの変換

　信号入力ジャックの端子はハンダ付けでなく線をしっかりと捻じって取り付け，熱収縮チューブで動かないよう固定します．この熱収縮チューブはホームセンターなどで購入することができます．

　左右のスピーカーとの接続には2端子のブロックターミナルを使用します．このブロックターミナルは写真14.5のような構造でリード線を挿し込み，ネジを締め付けることによりしっかりと固定でき，これをブレッドボードのポイントに挿し込むことによって外部の信号の入出力に使用することができます．

　TA8207KLには小さな放熱フィンが付いていますが，発熱はほとんどありませんので，特に外付けのヒートシンク（放熱板）は必要ないと

14．たった1個のICで作った　オーディオ用ステレオアンプ

製作編

入力用　　　　　　出力用

写真14.5　ブロックターミナル

思いますが，気になる場合はアルミ板などを取り付けるとよいでしょう。

　スピーカー，電源，入力などへの接続線があることから，ぐらつかないようブレッドボードの裏面に両面テープを貼り付け，80×120mmの厚さ6mmの合板に固定しました。電源を接続する前にもう一度配線やコンデンサーの極性に間違いがないか確認してください。

　TA8207KLはゲイン※が高いことから配線によっては発振したりすることがありますので，実体配線図にしたがって配線してください。ICが異常に熱くなったり，連続したノイズが発生したりしているときは，発振している可能性があります。特にグラウンド線の配線には気を付けてください。

　それではスピーカーを接続し，電源を入れましょう。ミニプラグの先端を指で触れ，左側のスピーカーから「ブー」という音が出て，中間のところに触ると右側のスピーカーから同じように「ブー」という音が出れば，配線に間違いがないことを確認できます。

　問題がなければ，ポータブルオーディオ機器などのヘッドホンジャックと本機の入力ジャックをミニプラグ接続ケーブルで接続し，ポータブルオーディオ機器を再生して信号を入力するとスピーカーから音が聞こえるはずです。もし音が出なかったり，異臭がしたりしたときはすぐに電源を切り，配線や接続に間違いがないか確認をしてください。

　前述したように本機には音量調整機能はありませんので，ポータブルオーディオ機器本体で音量調整をしてください。入力部の2個の100kΩの抵抗で入力信号を1/2にしていますが，もし音量不足を感じるようでしたら，この回路を取り外したり，抵抗の値を変えたりしてください。

　完成したらケースに入れて電源ジャック，入力ジャック，スピーカー接続端子をパネルに固定すると，操作性や見た目もよいアンプとなりますので，挑戦してみてください。

　小さなアンプですが，スピーカーを鳴らすのには十分な出力でとてもよい音質です。小型のスピーカーと組み合わせて，バックグラウンド・ミュージックのシステムとして，使用してみてはいかがでしょうか。

※増幅率のこと。

15. こんなに大変 プリント基板を使用した製作例

　本書では，ハンダ付けをまったく必要としないブレッドボードを使用した簡単な電子工作の製作例を紹介してきました。ブレッドボードでの製作が，いかに手軽に電子工作を楽しめるか，理解できたと思います。ここではブレッドボードを使わないで同じものを作ろうとすると，どのようなことをしなければならないかを紹介します。

　第2章「電子ホタル」を例にとって試してみます。ブレッドボードを使用する場合は，実体配線図にしたがって，使用する部品を指定のポイントに挿し込んでいけば，簡単に完成させることができますが，ハンダ付けで作る場合には回路図を見て，それぞれの部品の配置を考えなくてはなりません。そして，ハンダ付けで作る場合に用意しなくてはならないものは，次のものがあります。

- ハンダゴテ（15W程度のもの）
- ハンダ（ヤニ入り）
- 配線材料（0.5mmスズメッキ線）
- 片面ユニバーサルプリント基板（72×47mm）
- 必要な部品

　ユニバーサルプリント基板は，ブレッドボードに替わるもので，必要な部品は第2章「電子ホタル」の部品表（ブレッドボード，ジャンプワイヤーを除く。）のもの以外に8ピンのICソケットを使用します。

　本書の製作例では，回路図※は掲載せず実体配線図のみでしたので，回路図を意識する必要はありませんでしたが，回路図のみでハンダ付けで作るときは，回路図から部品の配置，配線，接続などを読み取る知識が必要となります。

※各部品を図記号で表したもので，電子回路を表すために用いられる。

(1) 製　作

　まず部品の配置を決めますが，大まかに回路図に示されている部品の位置とプリント基板に実装する位置を合わせておくとよいでしょう。一般的に回路図は，左から右方向に信号が流れるように描かれていますので，これにしたがって部品も左から右に実装していきます。このようにすることにより，何らかのトラブルが発生したときには回路図との対応がよくなり，修理や調整が容易になります。

図15.1 回路図

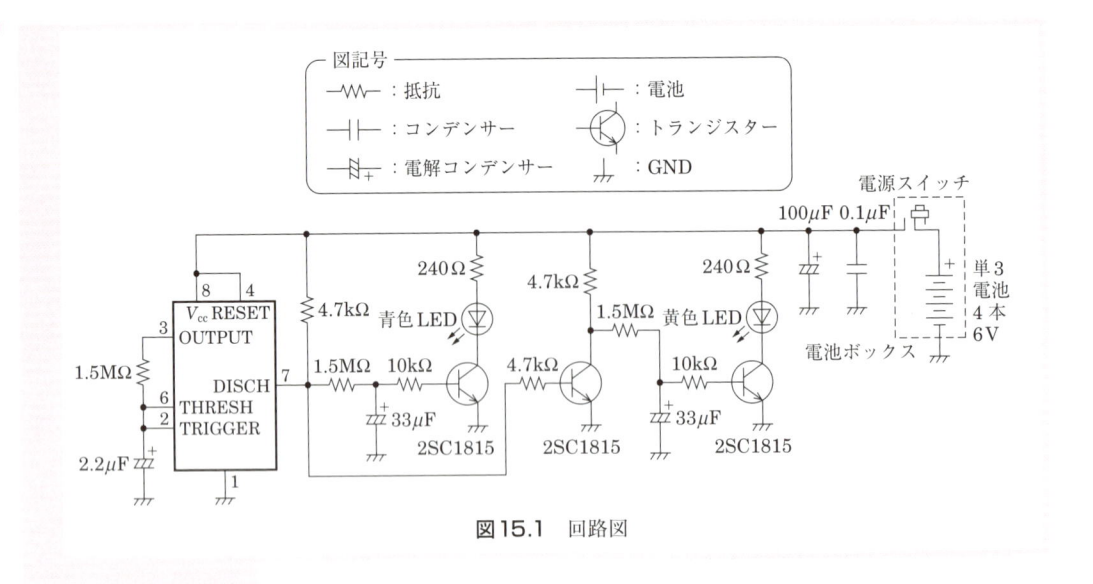

本機の回路図を図15.1に示します．動作原理などについては，第2章「電子ホタル」を参照してください．

回路はブレッドボードの場合とまったく同じですが，使用したLMC555はCMOSでできているため，ピンに直接ハンダ付けをすると壊れることがありますので，ここでは8ピンのICソケットを使用します．

まず，プリント基板の上側に電源のプラスを，下側にGNDの配線をしておき，あとは回路図に沿って部品をハンダ付けしていきます．実体配線図を使用しないで組み立てるときは，間違いがないか入念に回路図と見比べる必要があります．

実際に組み立てて，配線に間違いがないことを確認して電源を接続したところ，LEDがホタル点灯しませんでした．その原因を探すため，虫眼鏡で丹念に基板上をチェックしたところ，抵抗のリード線のハンダ付けの不具合を発見し，再度ここをハンダ付けし直したら問題なく動作しました．かなりの数のハンダ付けを経験してきた筆者ですが，今更ながらハンダ付けの技術はむずかしいと再確認しました．

(2) ブレッドボードとハンダ付けの比較

ブレッドボードは，実体配線図の指定のポイントに部品を挿し込むことにより，確実に部品と部品を電気的に接続することができ，電子ホタルであれば，20分程度で組み上がると思います．一方，ハンダ付けによるものは，回路図から部品の配置と50箇所ほどのハンダ付け作業をしなければならず，筆者の場合，完成までに約1時間を要しました．このようにブレッドボードによる電子工作は，とても短時間でかつ確実に

製作することができます。

写真15.1はユニバーサルプリント基板で製作した電子ホタルの部品面で，写真15.2はこのハンダ面です。

写真15.1 ユニバーサルプリント基板で製作した電子ホタル（部品面）

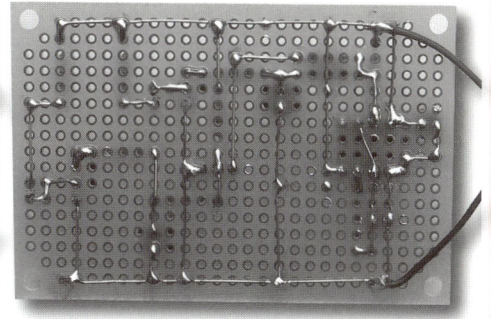

写真15.2 ユニバーサルプリント基板で製作した電子ホタル（ハンダ面）

(3) 便利なプリント基板

表面はブレッドボードの形状で，裏側はハンダ付けができるようになっている便利なプリント基板があります（写真15.3）。

部品の配置はブレッドボードの場合と同じで，裏側をハンダ付けすれば完成するものです。この基板の縦列のポイント数は5個です。しかし，本書で使用しているサンハヤトのブレッドボード（SAD-101）の縦列はa～f，g～lのそれぞれ6ポイントありますが，最上位のaと最下位のlは使用しないので，縦列5ポイントのものでもそのまま使用することができます。ハンダ付けができる方は，このようなプリント基板を使用するのもよいでしょう。

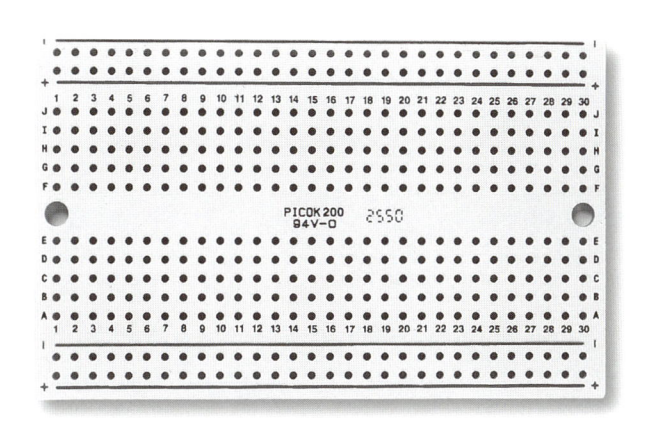

写真15.3 ブレッドボード形状の便利なプリント基板

15．こんなに大変　プリント基板を使用した製作例

製作編

【著者紹介】

加藤芳夫（かとう・よしお）
　　　1945 年　埼玉県生まれ
　　　　　　　気象庁
　　　　　　　富士山測候所，南極地域観測隊（越冬）などを歴任
　　　主要著書「インターネット気象台」（オーム社　共著）
　　　　　　　「マイクロコントローラー AVR 入門」（CQ 出版社）
　　　　　　　「工作と工具もの知り百科」（電波新聞社）
　　　　　　　「LED 電飾もの知り百科」（電波新聞社）
　　　　　　　「LED 電子工作ガイド」（誠文堂新光社）
　　　　　　　「はじめよう電子工作」（誠文堂新光社）
　　　　　　　「高性能マイクロコントローラー活用ガイド」（誠文堂新光社）

たのしくできる
かんたんブレッドボード電子工作

2015 年 9 月 10 日　第 1 版 1 刷発行　　　　　　　　　ISBN 978-4-501-33130-6　C3055

著　者　加藤芳夫
　　　　Ⓒ Yoshio Kato　2015

発行所　学校法人 東京電機大学　　　　〒120-8551　東京都足立区千住旭町 5 番
　　　　東京電機大学出版局　　　　　　〒101-0047　東京都千代田区内神田 1-14-8
　　　　　　　　　　　　　　　　　　　Tel. 03-5280-3433(営業) 03-5280-3422(編集)
　　　　　　　　　　　　　　　　　　　Fax.03-5280-3563　振替口座 00160-5-71715
　　　　　　　　　　　　　　　　　　　http://www.tdupress.jp/

JCOPY　＜(社)出版者著作権管理機構　委託出版物＞
本書の全部または一部を無断で複写複製（コピーおよび電子化を含む）することは，著作権法
上での例外を除いて禁じられています。本書からの複製を希望される場合は，そのつど事前に，
(社)出版者著作権管理機構の許諾を得てください。また，本書を代行業者等の第三者に依頼し
てスキャンやデジタル化をすることはたとえ個人や家庭内での利用であっても，いっさい認め
られておりません。
［連絡先］TEL 03-3513-6969，FAX 03-3513-6979，E-mail : info@jcopy.or.jp

編集：㈱QCQ 企画
印刷：㈱ルナテック　　製本：渡辺製本㈱　　装丁：大貫伸樹＋伊藤庸一
落丁・乱丁本はお取り替えいたします。　　　　　　　　　　　　　　Printed in Japan